中国农村专业技术协会科技小院联盟丛书

科技小院

助力布拖县脱贫攻坚

四川布拖马铃薯科技小院纪实

严奉君　徐 驰　余丽萍　主编

化学工业出版社
·北京·

内容简介

四川布拖马铃薯科技小院作为中国农技协科技小院联盟成立后首批授牌的5家科技小院之一，以“科研院所＋企业＋科技小院＋贫困户”的特困山区技术推广新模式，服务当地马铃薯产业发展，对促进布拖全面稳定脱贫不返贫、助力乡村振兴发挥了重要作用。

本书主要介绍了四川布拖马铃薯科技小院的创建使命、对马铃薯种薯繁育体系引进与创新、马铃薯栽培技术创新与示范、“科技小院＋”模式助力农业专技人才培养、科技小院助力马铃薯产业发展及脱贫攻坚等相关内容。

本书可供从事农业技术推广、“三农”研究、产业绿色发展等方面研究人员和广大农技推广人员参考。

图书在版编目（CIP）数据

科技小院助力布拖县脱贫攻坚：四川布拖马铃薯科技小院纪实/严奉君，徐驰，余丽萍主编. —北京：化学工业出版社，2021.10（2024.4重印）
（中国农村专业技术协会科技小院联盟丛书）
ISBN 978-7-122-39674-7

Ⅰ.①科… Ⅱ.①严…②徐…③余… Ⅲ.①马铃薯-栽培技术-布拖县 Ⅳ.①S532

中国版本图书馆CIP数据核字（2021）第157085号

责任编辑：李建丽　傅四周　　　装帧设计：王晓宇
责任校对：宋　夏

出版发行：化学工业出版社（北京市东城区青年湖南街13号　邮政编码100011）
印　　装：北京建宏印刷有限公司
710mm×1000mm　1/16　印张12½　彩插2　字数180千字
2024年4月北京第1版第2次印刷

购书咨询：010-64518888　　　售后服务：010-64518899
网　　址：http://www.cip.com.cn
凡购买本书，如有缺损质量问题，本社销售中心负责调换。

定　　价：65.00元

中国农村专业技术协会
科技小院联盟丛书

科技小院
助力布拖县脱贫攻坚
四川布拖马铃薯科技小院纪实

编者名单

主　　编：**严奉君**（四川农业大学 博士后）
徐　驰（四川农业大学 硕士研究生）
余丽萍（四川农业大学 讲师）

副 主 编：**邓孟胜**（四川农业大学 博士研究生）
朱嘉心（四川农业大学 硕士研究生）
廖　倩（四川农业大学 硕士研究生）
冉　爽（四川农业大学 硕士研究生）

参编人员：**杨　勇**（四川农业大学 硕士研究生）
蔡诚诚（四川农业大学 博士研究生）
朱凤焰（四川农业大学 硕士研究生）
黄敏敏（四川农业大学 硕士研究生）
冯豪杰（四川农业大学 硕士研究生）
王　宇（四川农业大学 硕士研究生）
张　杰（四川农业大学 硕士研究生）
唐梦雪（四川农业大学 硕士研究生）
彭　洁（四川农业大学 博士研究生）
左植元（四川农业大学 硕士研究生）
王　啸（四川农业大学 本科生）
刘石锋（四川农业大学 博士研究生）
刘　洁（四川农业大学 硕士研究生）

丛书序言

为了应对我国农业面临的既要保障国家粮食安全，又要提高资源利用效率、保护生态环境等多重挑战，促进农业高质量绿色发展，同时解决科研与生产实践脱节、人才培养与社会需求错位、农技人员远离农民和农村等制约科技创新、成果转化和“三农”发展等问题，2009年，我们带领研究生从校园来到农村，住到了农家小院，与“三农”紧密接触，针对农业关键问题开展科学研究，解决技术难题；科技人员“零距离、零门槛、零费用、零时差”服务农户和生产组织，以实现作物高产和资源高效为目标，致力于引导农民采用高产高效生产技术，实现作物高产、资源高效、环境保护和农民增收四赢，逐步推动农村文化建设、农业经营体制改革和农村生态环境改善，探索现代农业可持续发展之路和乡村振兴途径。逐步形成了以研究生常驻农业生产一线为基本特征，集科技创新、社会服务和人才培养三位一体的“科技小院”模式，收到了良好效果，引起了社会各界关注和积极评价。2021年，中共中央办公厅、国务院办公厅印发了《关于加快推进乡村人才振兴的意见》，科技小院作为“培养农业农村科技推广人才”重要模式写入文件。

中国农村专业技术协会（简称中国农技协）受中国科协直接领导，是党和政府联系农业、农村专业技术研究、科学普及、技术推广的科技工作者、科技致富带头人的桥梁和纽带；是紧密联系团结科技工作者、农技协工作者和广大农民，深入开展精准科技推广和科普服务，积极推动农民科学素质的整体提升，引领农业产业发展，服务乡村振兴的重要力量。为了更好地发挥高校和科研院所科技工作者服务三农的作用，2018年中国农技协成立了科技小院联盟。它是由全国涉农院校、科研院所和各省农技协在自愿的基础上共同组建的非营利性联盟组织。联盟以中共中央办公厅、国务院办公厅印发的《关于创新体制机制推进农业绿色发展的意见》《中共中央　国务院关于实施乡村振兴战略的意见》《乡村振兴战略规划（2018—2022年）》《中共中央　国务院关于加快推进生态文明建设的意见》为指导，以“平等互利、优势互补、融合创新、开放共赢”为原则，整合涉农高校、科研院所、企业和地方政府等社会优质资源，加快体制机制创新，构建“政产学研用”紧密结合推动农业绿色发展和乡村振兴的新模式，全面服务于国家创新驱动发展战略和三农发展，在服务农业增效、农民增收、农村绿色发展的进程中发挥重要作用。科技小院联盟成立以来，在中国科协的组织领导下，一批涉农高校研究生驻扎到三农一线，充分调动了专家导师、科技人员（研究生）和当地政府、农技协、农业企业、农民专业合作社、农民群众的积极性，实现零距离科技对接，零时差指导解决，零门槛普惠服务，零费用培训推广，对推动农业产业发展效果显著。

目前，中国农技协科技小院联盟分别在四川省、福建省、江西省、广西壮族自治区、河北省、江苏省和内蒙古自治区等地建立了40多个科技小院，已有中国农业大学、四川农业大学、福建农林大学、江西农业大学、内蒙古农业大学、广西大学等学校派出的一批研究生入住科技小院，有关省和自治区的研究院所的科技专家以及各级科协组织也积极参与到科技小院的共建之中，强化了对科技小院依托单位的科技支撑，显著促进了产业发展和科学普及。

中国农技协科技小院建设创新了农技协的组织模式，增强了农技协的凝聚力，提高了农技协的服务能力，提升了农技协的组织力和社会影响力，成为科协组织服务乡村振兴的有力抓手，展现出科技小院汇集各方科技力量、助推农业产业发展、促进乡村振兴的巨大潜力。为了及时总结交流中国农技协科技小院联盟在科技创新、技术应用、人才培养和科普宣传等方面取得的进展和成果，更好地服务农业产业发展和乡村振兴，中国农技协决定组织出版“中国农村专业技术协会科技小院联盟丛书”。相信该丛书的出版会激励和鼓舞一大批有志青年投身“三农”，推动农业产业发展和乡村振兴。

最后谨代表丛书编委会全体成员对关心和支持丛书编写和出版的所有同志们致以衷心的感谢。

张福锁

中国工程院院士

中国农业大学教授

前言

科技小院是建立在农村生产一线，集科技创新、人才培养和示范推广于一体的基层科技服务平台。自中国农业大学张福锁院士团队创建科技小院10余年来，师生们驻扎在农村生产一线，秉承“解民生之多艰，育天下之英才”的重任，与“三农”紧密接触，“零距离、零门槛、零费用、零时差”服务于农户及生产组织，以实现作物高产和资源高效为目标，致力于引导农民进行高产高效生产，促进作物高产、资源高效和农民增收，逐步推动农村文化建设和农业经营体制改革，探索现代农业可持续发展之路，已取得丰硕成果，受到国际国内相关媒体高度评价。

四川农业大学多次邀请到张福锁院士及其团队师生到校宣讲、交流科技小院与研究生分类培养工作经验，邀请到中国农村专业技术协会、四川省科协、四川省农村专业技术协会领导到校指导工作，也先后派出10余名专家导师赴中国农村专业技术协会、中国农业大学培训、观摩，学习科技小院建设与工作经验。

2018年中国农村专业技术协会科技小院联盟成立后，首批授牌四川省5个科技小院，即“中国农村专业技术协会四川布拖马铃薯科技小院”、

“中国农村专业技术协会四川会理石榴科技小院”、“中国农村专业技术协会四川蒲江果业科技小院”、“中国农村专业技术协会四川安岳柠檬科技小院”和“中国农村专业技术协会四川东坡鹌鹑科技小院”。2020年，又授牌四川第二批7个科技小院。四川省农村专业技术协会成立了科技小院专委会，设立专项资金，协调管理和全面推进全省科技小院工作。

四川农业大学等高校获批为四川科技小院的共建单位。四川农业大学新农村发展研究院、研究生院、农学院、资源学院、园艺学院、动物科技学院、管理学院等相关学院领导专家高度重视，立即部署并启动了共建科技小院工作，先后派出20余名专家导师指导50余名研究生入驻科技小院。为进一步推动研究生培养教育质量提升、大学师生团队与农民深度融合、科技与产业紧密结合，“输血”与“造血”有机结合，探索、完善科技精准扶贫新模式，四川农业大学由校领导牵头，新农村发展研究院、研究生院、科技处及相关院所整合各学科力量，组织专家导师团队，建立了一支组织完善、结构合理的科技小院师生队伍，协调各共建单位分工协作。四川农业大学设立专项经费，研究生院设立科技小院研究生专项招生指标，各学院全方位推进科技小院工作。

四川科技小院成立以来，在聚焦产业发展、着力培养人才等方面取得了良好效果，坐落在大凉山腹地的四川布拖马铃薯科技小院，设立在马铃薯种薯生产基地，研究生长期入住，半年之内就让原原种产量翻了一番，在科技小院的推动下，布拖县特木里镇获得了全国“十佳”科技助力精准扶贫示范点。

青年学子是新时代的希望和未来，同学们在科技小院锻炼和成长，绝不仅只完成论文和短期解决一线的生产问题，科技小院对学生的影响是深远的，对农民影响更是深远的，科技小院对研究生培养具有强大的推动效应，为农业领域中创新性问题的发现与解决提供了机遇，科技小院对同学们深入到一线、发现生产中的问题提供了重要的平台。

科技小院的建立为解决三农问题提供了重要的平台，农业大学肩负的农业的责任和历史的使命是重大的，尤其在新冠疫情期间，粮食安全的危机感和重要性越加突出，脱贫攻坚需要科技支撑和人才支撑，如果我们培养的40%～50%的农业人才都能到生产一线，解决三农问题就会有很强大的人员保障。布拖马铃薯科技小院师生团队抗疫情、保春耕，充分彰显了农业人“兴天下之农事”的担当与情怀，更是“川农精神”的践行者。

中国农村专业技术协会四川布拖马铃薯科技小院的成长与取得的成绩，离不开中国科学技术协会、中国农村专业技术协会、科技小院联盟、四川省委省政府、四川省科学技术协会、四川省农村专业技术协会、四川省农业农村厅、四川省人力资源与社会保障厅、凉山州委州政府、国家马铃薯产业科技创新联盟、国家现代农业产业技术体系四川薯类创新团队、中国农业大学、四川农业大学、布拖县委县政府、布拖县科协、布拖县农业农村局、布拖县布江蜀丰生态农业科技有限公司、江油市对口帮扶布拖县脱贫攻坚前线指挥部等单位及各界人士长期的关心和支持。谨致以真挚感谢！

本书得以出版，要感谢中国农村专业技术协会的大力支持，感谢张福锁院士、李晓林教授、四川省科技小院首席专家邓良基教授等老师对布拖马铃薯科技小院工作的指导，感谢驻扎在布拖科技小院研究生们的辛勤付出，感谢化学工业出版社的帮助与支持，由于编者水平有限，书中疏漏之处难免，恳请读者批评指正！

编者

2021年4月

目录

第二章

第九章

我们不负韶华 砥砺前行 / 133

绪言

盛开在特木里镇的一朵小花

——布拖马铃薯科技小院助力布拖脱贫攻坚

布拖县位于凉山彝族自治州东南部，距州府西昌114公里，北靠昭觉，南接宁南，西连普格，东以金沙江为界，与金阳、云南巧家相望。布拖县是国家扶贫开发工作重点县、乌蒙山连片特困地区的核心区、四川省大小凉山综合扶贫开发重点地区。同时，布拖县是彝族火把节的发源地，是申报世界级非物质文化遗产影像资料的主要采集地，以火把节、彝族年为核心的彝族阿都文化在民间保留较为完整，朵乐荷、银饰、高腔等多次参加国内外展演，声名远播，素有“中国彝族火把节之乡”“阿都高腔之乡”“彝族口弦之乡”“彝族银饰之乡”“彝族朵乐荷之乡”的美称。

坐落在大凉山腹地的特木里镇，是“三区三州”深度贫困最为典型的，也是布拖县的中心镇，特木里镇的脱贫是影响布拖县脱贫攻坚胜利的关键因素。

特木里镇是布拖县马铃薯大镇，种植面积近1.65万亩[1]，占全县21万亩马铃薯的7.9%。作为国家扶贫开发工作重点镇，其有12个贫困村；建档立卡贫困群众1258户、5330人，贫困发生率达45.7%，“面广人多程度深，特殊问题相交织”，是脱贫攻坚的困中之困、难中之难、艰中之艰。

由于耐寒、耐旱、耐贫瘠土壤等特性，马铃薯特别适合在布拖高原种植，是大自然赐予布拖的珍贵礼物。但品种退化、种植技术落后、技术推广艰难等问题，长期制约布拖马铃薯产业发展。

四川农业大学马铃薯团队经过近三十年系统研究，在产业关键技术领域实现了突破性创新，先后获得神农中华农业科技奖二等奖，农牧渔业丰收奖，农业技术推广合作奖，四川省科技进步一等奖等奖项。团队长期服务于四川及周边特困山区，以马铃薯产业关键技术助力精准扶贫。在布拖县等彝族特困山区精准扶贫过程中，为了将我们的技术尽快推广到扶贫一线去，在这个过程中遇到了很多困难，例如交通问题、语言问题、推广体制模式问题等，这些问题限制了我们技术的推广速度。幸运的是，团队遇

---

[1] 1亩大约为667平方米。

见了一个好平台，那就是“科技小院”。

在中国农业大学张福锁院士团队创立的科技小院模式的基础上，2018年，中国农村专业技术协会（以下简称农技协）科技小院联盟成立，柯炳生理事长等领导亲自到布拖县调研，确定在特木里镇的布拖县布江蜀丰生态农业科技有限公司，与四川农业大学、四川省农技协、中国农业大学共建“布拖马铃薯科技小院”。四川农业大学马铃薯团队派驻研究生，在这里开启了脱贫攻坚的新征程。

在中国农村专业技术协会科技小院联盟、江油市对口帮扶布拖县脱贫攻坚前线指挥部等部门的指导和帮助下，整合万里行、三区人才专项等科技扶贫专项，四川农业大学对科技小院设立专项招生指标，配套专项科研经费及马铃薯团队师生，开始以“科研院所+企业+科技小院+贫困户”的特困山区技术推广新模式，并长期入住特木里镇，以马铃薯产业服务为主，全方位助力脱贫攻坚。

一、借力科技创新，聚焦马铃薯主导产业需求，为特木里镇脱贫攻坚发力

布拖马铃薯科技小院坚持聚焦马铃薯产业，开展现代农业产业扶贫集中攻坚行动，按照“巩固传统、探索新路”的思路，突出“产业到乡、增收到户”，以“建基地、整产业”为路径，依靠科技创新与服务，全力做大布拖马铃薯主导产业。科技小院师生及团队在马铃薯关键技术领域实现了突破，发展了适于四川及周边特困山区的马铃薯产业关键技术，为脱贫攻坚精准发力。

1.发展了以调控种薯活力为核心的理论和技术，建立了与西南混作区马铃薯周年生产多季节播种、多间套作模式配套的绿色轻简化种薯活力调控体系，解决了种薯活力差的问题。

2.创建了适宜四川及周边特困山区马铃薯产业的“良种、良繁、良法、良品、良模”五良联动新模式。获授权专利40余项，发表学术论文100余篇。近五年累计推广面积1975.6万亩，新增利润125.17亿元。增强了特困山区马铃薯抗逆丰产能力，提高了当地粮食产业结构的稳定性和安全性，有效地促进了农民增收，企业增效。为我国同类生态区马铃薯产业发展和精准扶贫提供了可借鉴的模式。

二、长期入住，全面发力，取得显著成效

布拖马铃薯科技小院是四川农业大学马铃薯团队为切实打通科技服务农户与精准脱贫“最后一公里”，并将科技创新成果应用到特困山区产业扶贫的关键抓手，以研究生与科技人员长期入住方式，及时发现生产问题、解决生产问题，实现零距离、零门槛、零费用、零时差为贫困户服务的目标，涵盖了马铃薯种薯繁育与生产、科技研发与创新、成果示范推广、技术培训与服务、科技人才培养等各个环节，形成了推动马铃薯产业可持续发展的研发创新+成果示范推广+技术培训+人才培养的高效模式。

1.建立长效科技服务机制，推广马铃薯生产新技术

以特木里镇为核心基地，截止到2020年底，团队已有60余名师生先后前往布拖县开展扶贫工作34次，累计服务时长600余天，形成了乌洋芋等资源生产调研报告、马铃薯大棚标准化生产手册、马铃薯晚疫病无人机统防统治建议书等书面文件和意见30余篇，指导建立凉山州当地马铃薯产业合作基地，协助创办农民夜校，依托“技能培训”为马铃薯产业“造血”，在布江蜀丰生态农业科技有限公司、美撒乡、补尔乡等地集中培训14次，现场指导18次，生产调研11次，总计培养马铃薯本土人才300余人次。

2. 建立新型联动模式，全面实现脱贫增收

团队入住布拖马铃薯科技小院的两年，持续稳定开展科技扶贫工作，不断完善和深化扶贫成果与产业脱贫攻坚运作模式，创新“科技小院＋”模式，依靠科技集成与创新推广，培育科技兴农本土人才与农村新型经营主体，建立了科技成果核心示范+推广应用+辐射带动的联动模式，建立马铃薯高产优质栽培标准样板，从特木里镇逐步推广到补尔乡、美撒乡等乡镇，形成了布拖县马铃薯产业发展新样板。同时，辐射至昭觉县、喜德县、美姑县、甘洛县、通江县等乌蒙片区县，截止到2020年已累计开展集中培训89场次、现场技术指导600余次，提供马铃薯等作物栽培手册2000余份，培养科技示范户20余户、农技人员120人、本土人才950人，指导建立基地5个，引进新品种7个、新技术1项、新模式1套，与马铃薯企业合作申报并获得产业项目2项。通过直接对口帮扶建档立卡贫困户10户，现已实现带动每户规范种植优质马铃薯3亩以上，并使得每户的人均年收入增加了3000元以上，实现了脱贫，并辐射带动周边贫困村30户增产增收。

3. 构建三级薯生产体系，有效提升马铃薯减损增效

科技小院在特木里镇打造了标准的“原原种-原种-生产种”的三级薯生产体系，指导建立5000平方米智能雾培大棚，一季生产原原种200万粒以上，增产75%以上，直接增收36万元以上，间接性农户增收500万元以上；逐步探索冬季种薯生产技术体系，预计可再生产原原种100万粒左右，直接产生种薯经济效益50万元以上；指导2000亩原种基地种薯处理、晚疫病防治，预计减少损失30%，折合经济效益200万元以上；指导1000平方米马铃薯贮藏库工作，可以贮藏马铃薯2000吨以上，贮藏减损由30%降低到5%以内，折合效益50万元以上，间接效益提升500万元以上。指导农民散户贮藏，商品薯减损降低5%以内，平均每户将至少减损1000元。

通过科普教育与贮藏技术控制，指导农户吃上不发芽的营养健康马铃薯。

4.研究生投身创业，开创脱贫新模式

科技小院学生长期坚守基层，为响应“万企帮万村”科技小院博士研究生彭洁创办实体企业“成都千盛惠禾农业科技有限公司”，以市场运作的方式，应用“五良配套”体系技术成果，全程陪伴式地帮助布拖农户种出优质高产、市场价格高的紫色马铃薯，创建国内外销售渠道，形成了稳定、持续且精准的扶贫模式，并将此扶贫模式复制和推广至四川及周边特困山区，种植规模超过3万亩，每年增收16200万元以上。项目覆盖区平均脱贫率超过94%，人均收入从脱贫前不到2000元，到脱贫后的5000元以上。

5.引领联合实践，志智双帮扶

引领了35名农学专业本科生科技教育服务特木里镇联合实践，开展了“薯遇布拖”社会实践活动、“问学启智，修德远航”支教活动等，在特木里镇小学开展志智双帮扶，开展科技培训、科普活动、健康培训等，反响强烈、成效显著，受到当地师生、家长、政府领导、驻村书记等多方面肯定。

三、稳定脱贫不返贫，乡村振兴再出发

自2016年脱贫攻坚战全面打响以来，布拖县委、县政府始终把脱贫攻坚作为最大的政治责任、最大的民生工程、最大的发展机遇，百倍用心、千倍用力，聚焦“两不愁三保障”目标，下足“绣花”功夫，硬碰硬补短板强弱项，实打实夯基础惠民生，脱贫攻坚一步步取得成效。科技小院所在的特木里镇，更是不断创新完善脱贫攻坚运作模式。截至2020年11月

17日，布拖县成功脱贫摘帽。但科技小院师生将继续奋斗在布拖县，助力全面稳定脱贫不返贫，服务乡村振兴再出发。

1.坚持以马铃薯种薯活力调控为重点，以加工、营销为产业延伸，逐步补齐品牌、市场营销短板，打造布拖马铃薯全产业链，让特困山区薯农种出高产土豆、吃上优质土豆、卖出致富土豆，实现马铃薯全产业链提质增效。

2.将科技小院打造成为人才培养的新阵地、好平台，培育科技兴农本土人才与农村新型经营主体，培育脱贫攻坚与乡村振兴领头羊，建立起一批马铃薯专业合作社、家庭农场等新型农业经济主体，助力乡村振兴。

3.建立马铃薯无人机植保统防统治体系，由县政府主导，农村农业局技术把关，施药企业、乡镇、村、农户全面参与，统防统治与综合防治相结合，由点到面，逐步实现晚疫病防控的全覆盖，保护和发展马铃薯产业。

4.打好脱贫硬仗，用心规划未来。开展现代农业产业扶贫集中攻坚行动，巩固传统，探索新路，以“产业扶贫”为主攻方向，产业到乡，项目到村，增收到户，全力做大马铃薯这一主导产业，加快发展特色优势产业，积极推动乡村振兴规划的实施。

行百里者半九十，众志脱贫奔小康。特木里镇的科技小院，这朵脱贫攻坚战地上艳丽的小花，受到各级科协、农技协、高校、企业呵护，在特木里镇生根，绽放，吐露芬芳，也见证着一个美丽、幸福、文明、和谐的新布拖的到来！

第一章

勇担时代使命
携手奋进

一、走近布拖

1.布拖地理位置

布拖县隶属于四川省凉山彝族自治州的东南部山区，位于长江上游，是川、滇结合部，主要是以阿都彝族聚居的高寒山区半农半牧县。布拖是彝语“补特”的音译，又称吉拉补特，其中“补”指刺猬，“特”指松树，意为“有刺猬和松树的地方”。布拖县距州府西昌114公里，全县面积1685平方公里，辖8镇4乡、190个村、2个社区，有彝族、汉族、藏族、苗族、回族、布依族、蒙古族等13个民族，总人口21.58万，其中彝族占97.4%，农业人口占90.7%。全县海拔2000米以上的高寒山区占89%；全县农业耕地面积31.6万余亩，但多为山坡地（图1.1、图1.2）。马铃薯具有耐寒、耐旱、适应性强与产量高等优势，且兼具营养元素全面的特点。因此，当地

图1.1 布拖县连绵的坡地

图 1.2　山坡地连片马铃薯种植（附彩图）

彝族同胞形成了以马铃薯为主要种植作物，同时形成了以马铃薯为主食的饮食习惯。

目前，布拖县马铃薯种植面积近21万余亩，马铃薯是布拖县重要的粮食与经济作物，在布拖县人民粮食安全、农村经济发展、脱贫攻坚与乡村振兴战略中作用突出。同时，布拖县也是国家扶贫开发工作重点县、乌蒙山连片特困地区核心区、四川省大小凉山综合扶贫开发重点地区。全县按照“一高一低一无”标准识别行政村190个，农户14262户，建卡贫困人口64723名，贫困人口多，贫困程度深，致贫因素复杂。

2. 布拖县自然环境及气候优势

布拖县地处东经102°43′～103°04′，北纬27°16′～27°56′，属亚热带滇北气候区，气候受季风影响较大。年平均气温为10.4℃，全年无霜期

211天，最高气温29.9℃。长冬无夏，气候冷凉，雨量充沛，干湿季明显，日照充足。目前旱作地为34.2万余亩，水浇地0.5万余亩。土壤结构较好，土质疏松，土地肥沃，得天独厚的气候与土壤条件非常适宜马铃薯生长发育。其水源为雨养和地表水，年降雨量1110.1mL，降雨规律也符合马铃薯的需水规律。由于布拖县独特的地理位置与地形分布，全县境内属亚热带滇北高原气候，布拖县最高海拔3891米，最低海拔535米，县城海拔2380米，海拔变化大，形成特有的立体型气候，十分适宜马铃薯生产，利于薯块膨大和淀粉积累。立体型气候，让布拖县一山有四季，十里不同天，境内动植物资源丰富，风景优美。尤其是每年马铃薯花开时节，在山坡地连片盛开的马铃薯花更是一场视觉盛宴。同时差异化的高原气候和立体地貌，形成了农（牧）产品独特的生长环境，为发展特色农产品创造了有利的生态环境。生产区域远离城镇化、工业化的区域，无工业废水、废气等污染物排放，为绿色农产品生产基地创造了可靠安全的环境保障。

3.布拖县发展现状

近年来，布拖县以扶贫开发、助农增收为重点，加快农业产业结构调整，全县生态特色农业得到一定发展，初步形成了马铃薯、特色粮食、草食畜禽、中药材等特色产业结构，建成“四川省优势特色产业马铃薯基地县”、“四川省马铃薯原种繁育基地县”、“中国附子第一大县”和“凉山半细毛羊原种场”，培育出布拖乌洋芋、高山燕麦、高山荞麦、布拖附子、凉山半细毛羊等特色农产品；“布拖乌洋芋（图1.3）”“布拖燕麦”“布拖黑绵羊”和“布拖黑猪”成功申报国家地理标志证明商标。2018年，实现农牧业生产总值13.5亿元，以马铃薯、荞燕麦为主的粮食作物种植面积达2.4万公顷、总产量9.1万吨。其中，种植马铃薯1.4万公顷，总产量35万吨；反季节蔬菜种植1866.7公顷；人工种草面积1.5万公顷，四畜存栏45.6万头（匹只）、出栏40.4万头（匹只）。目前全县拥有专业合作社120个、家庭农（牧）场160个、种（养）大户489户，适度规模养殖户达2717户；

从事农产品加工和生产的企业有13家，其中，州级农业产业化龙头企业2家、县级农业产业化龙头企业2家。

图 1.3　布拖乌洋芋

4.布拖县马铃薯产业发展优势

布拖县是四川省凉山彝族自治州马铃薯种植面积最大、最有优势的主产县之一，马铃薯常年种植面积达20万亩以上，马铃薯是当地的主粮之一，占全县粮食作物种植面积的40%左右。布拖县大部分地区海拔在1500m以上，属于高寒山区，气候冷凉，日差较大，80%的耕地适宜种植马铃薯。2019年布拖县全县马铃薯种植面积达21.4万亩，鲜薯总产达到33.4万吨，鲜薯均产1562.9kg/亩，为布拖县第一大粮食作物。同时，布拖县生产的马铃薯薯块大、适口性好，蛋白质、糖类、粗纤维、维生素、微量元素等含量高，是当地群众的主要口粮和牲畜的饲料用粮。布拖县具有适宜马铃薯生长的气候条件、丰富的土壤资源，有利于马铃薯产业的发展壮大，生产前景十分广阔。

与此同时，随着布拖县的持续发展，马铃薯在布拖县产业发展与乡村振兴中的作用与潜力逐步显现。对此，各级各部门高度重视全县的马铃薯产业发展，通过全面调研市场情况，提前建立高标准的种薯基地，加强种薯的监管与跟踪，重点鉴定种薯的代数，逐步建立马铃薯良种繁育体系，以保护种薯价格，提高农户种植马铃薯的积极性，促进马铃薯产业发展，提供更好更为合理的产业扶持政策。

5.布拖县马铃薯种植现状

目前，布拖县马铃薯产业主要为种薯、鲜食薯及商品薯的生产，而在加工薯生产方面较少。同时，近几年布拖县马铃薯主要的生产品种为“青薯9号”“凉薯14”“米拉”等四川省高产品种，以及地方品种“阿斯子”“阿乌”“乌洋芋”，大范围新品种引用较少。而其中“青薯9号”占比最大，产量最高，但其适用于烹炒食用，因而无法迎合当地以马铃薯为主食的饮食习惯，该品种多用于饲料，因此销售价格偏低。且当前“青薯9号”品种退化较快，目前产量和品质均呈快速下降趋势，须及时更换脱毒种薯，提升其产量和品质。特色品种“布拖乌洋芋”品质好、无病毒、无污染、花青素含量高，“布拖乌洋芋”已入选国家地理标志产品。

6.布拖县马铃薯加工链发展

布拖县的马铃薯加工较为落后，目前马铃薯加工企业多为个体小作坊模式。且随着加工薯收购价持续走高，经营困难。对此构建布拖县马铃薯加工链条，是发展布拖马铃薯产业的核心。目前，布江蜀丰生态农业科技有限公司利用布拖县特木里镇原淀粉加工厂废弃厂房，重新扩大修建，已建成占地24.1亩的马铃薯现代化加工厂，引进国内外先进马铃薯全粉冷冻薯泥、主食化食品以及粉条粉皮加工生产线，年马铃薯加工量5.5万吨。未来可通过产业园区、学生营养午餐、电商平台等多种形式打通马铃薯加工与销售渠道。

二、相遇在布江蜀丰现代农业示范园

1. 布拖布江蜀丰农业科技有限公司

布拖县布江蜀丰生态农业科技有限公司，主要以布拖县布江蜀丰现代农业科技示范园为载体。布江蜀丰现代农业示范园（图1.4）是江油市、布拖县两地党委政府落实扶贫攻坚对口协作战略部署重点产业项目，项目由江油星乙农业投资有限公司与布拖县农业投资有限公司共同组建的布拖县布江蜀丰生态农业科技有限公司负责建设和建成后的运营管理。项目一期工程占地160亩，总投资超过7000多万元，二期工程占地68亩，主要有马铃薯精深加工厂、净菜加工配送中心、电商物流配送中心等，投资超过5000万元。项目2017年2月28日开工建设，2018年7月一期工程全面竣工并投入运营，目前示范园生产经营正常，综合效益正逐步显现，二期工程2020年4月起陆续投入运行。一期、二期工程共占地228亩，共计投入超过1.2亿元。

图 1.4　布江蜀丰生态农业科技有限公司现代农业示范园

2.布拖县布江蜀丰农业科技有限公司发展现状

布江蜀丰现代农业示范园分两期建设。一期以选育适宜布拖种植和精深加工的马铃薯品种为目标，已建设完成5000平方米智能温室育种大棚（图1.5）、1400平方米马铃薯保鲜储存库、1900平方米电商展示交易和技能培训中心及大型商务会议中心、717平方米马铃薯主食文化体验阳光餐厅、6720平方米普通温室大棚、100亩露地种植试验示范区；二期主要以打造马铃薯全产业链转型升级版为主，与四川喜玛高科农业生物工程有限公司、成都紫金都市农业有限公司战略协作，从前端马铃薯原原种繁育，到后端马铃薯精深加工，打通马铃薯全产业链，建设产品加工园区，推动扩园升级。二期建设内容还包括3300亩马铃薯育种产业链种植基地（图1.6）和商品薯基地，投资2000万元的马铃薯精深加工厂，投资近3000万元的净菜加工配送中心，投资1000多万元的500亩高原蓝莓种植示范基地，投资500万元在园区入口处的新建布拖县国家级电子商务平台交易中心，包括在全县设立56个电商交易示范点。通过2～3年的努力，打造一二三产业融合发展和农民持续稳定增收的“双引擎”，打造成为马铃薯全产业链转型升级平台，农业新品种新技术试验示范推广平台，成为产业合作孵化器、创新发展服务器。

图1.5　布江蜀丰现代农业示范园马铃薯原原种雾培大棚

图 1.6　马铃薯育种产业链种植基地

布江蜀丰现代农业示范园的建成，已经逐步显现释放有利于提供优质种薯、有利于降低种薯成本、有利于提高单产、有利于田间管理、有利于提升产品销售力、有利于塑造地方品牌“六大优势”集聚效应。发挥技术集成和示范带动作用，构建现代农业产业体系、生产体系、经营体系，以点带面，依次推进布拖县农业转型升级，极大促进布拖三产融合发展。一是以育繁推广为先导，推广良种良法，突破原原种、原种生产困局，满足全县21万亩马铃薯生产用种需要，预计可实现每亩增收300元。由此可提供12000人次劳动力就近务工，贫困户可增加工资收入总计120万元。二是以建设现代农业综合体为目标，促进一二三产业融合发展，以品种选育为目标，建设优质种薯供应基地。为满足消费结构升级和主食文化发展需要，积极开发马铃薯主食产品，实现加工转化增值，打造主食加工龙头企业。依托“互联网+”技术，以促进马铃薯主食产品展示交易为目标，发展特色优质农产品电子商务，发展观光农业和体验农业，推动产业绿色发展。2020年，已经与四川喜玛高科生物工程有限公司签订战略合作协议，将会逐步实现年产脱毒种薯原原种1700万粒、原种5950吨、一代种59500吨的目标，总产值将达到1.7亿元，利润按照总产值的30%计算，带动全县贫困户16000多户共计7万余人，每户年均增收3150元，力争2021年创建省级现代农业示范园区。通过公司统一协调规划，在实际生产中也有利于开展贫困户培训，且公司内有彝族本地专家，方便与贫困户沟通、实地培训并解决问题。园区所有的试验示范基地，通过实际生产让农民看到生产差异，有利于进一步提高农民学习农业技术的积极性。

三、共创中国农技协四川布拖马铃薯科技小院

1. 科技小院成立背景

布拖县当地彝族同胞祖祖辈辈都以马铃薯为主食，且马铃薯种植面积高达21万亩，是布拖县重要的粮食作物与经济作物，在布拖县人民粮食安全、农村经济发展、脱贫攻坚与乡村振兴战略中作用突出。但是，全县马铃薯生产技术落后，缺乏配套的安全贮藏技术，严重制约着全县马铃薯产业发展。为改善布拖县马铃薯产业技术落后情况，突出马铃薯产业优势，加速推动全县马铃薯产业持续良好快速发展，促进全县马铃薯产业提质增效，助力脱贫攻坚工作。2018年，在中国农村专业技术协会的主导下，由四川省科学技术协会组织运筹，建立了中国农村专业技术协会四川布拖马铃薯科技小院（图1.7），并开展授牌仪式（图1.8）。以布拖县布江蜀丰生态农业科技有限公司为依托单位，由四川农业大学、四川省农村专业技术协会、中国农业大学共建，旨在全面推进布拖县马铃薯产业，保障全县人民粮食安全。随后，在中国农村专业技术协会、四川省科协、四川农业大学等多家单位的强力推动下，就布拖县马铃薯科技小院的产业需求、技术难题等进行多次商讨，明确了科技小院的发展方向，即以学生团队为主，通过长期入住、常年调研指导，不定期送材料、送资料，再培训、再检验，将新技术新方法直接带到田间地头，有生产问题立即解决，不能解决的带回科技小院再研究；并与政府、企业、农民建立良好的联系，支撑

成果多点多层次示范，加速新技术在县、乡（镇）、村、农户的各级推广工作。

图 1.7　四川省布拖县马铃薯科技小院

图 1.8　四川省布拖县马铃薯科技小院授牌仪式（附彩图）

2. 科技小院的功能定位

布拖马铃薯科技小院是中国农村专业技术协会探索新时代扶农、帮农、助农的农业技术推广新模式，研究生长期入住，并与当地企业员工同吃同住同劳动，专家团队全面指导，搭建“政产学研用”联合平台，支撑科研成果的多点多层次示范，加速了技术在县、乡（镇）、村、农户的推广工作。

在四川省政府省-校合作协调办公室和省农业农村厅的大力支持和协调下，诺丁汉大学和四川农业大学组成了马铃薯产业化联合考察团，旨在通过对凉山州样本县——布拖县的实地考察，探索马铃薯产业化发展的机制、模式、减贫方式，及马铃薯产业化发展所需要的顶层设计、外部条件。考察团一行20余人在诺丁汉大学高级研究员武斌博士、四川农业大学项目协调人傅新红教授和四川农大马铃薯创新团队负责人王西瑶教授的率领下，于2020年1月5～8日对布拖县进行了为期3天的参观走访，涉及马铃薯育种、生产、加工、流通和销售多个环节和布拖马铃薯科技小院、产业园、示范基地、农民合作社和村集体组织，同布拖县政府和相关部门领导、企业家、驻村帮扶干部、村集体和合作社带头人及彝族农户等进行了广泛接触、交流和座谈。中国农业大学人文发展学院齐顾波教授、凉山州农业农村局王宗洪主任，应邀参与和指导了本次考察。全体考察团成员均对此次考察成果表示满意，对布拖县委县政府的大力配合、精心组织表示衷心的感谢。

布拖马铃薯科技小院将由原来的“薯类专家团队+企业+农户+科技小院”的线性技术推广模式，提升为“帮扶干部+科技小院+国际合作+村集体组织”的新模式。它一方面整合协调帮扶干部资源，为村集体和农民合作社领导人提供技术和管理技能培训，为四川农业大学及其他高校大学生参与当地农民合作社发展和马铃薯产业化提供平台；另一方面，科技小院对接协调诺丁汉大学、英国马铃薯公司和四川喜玛高科农业生物工程有限公司，打开布拖马铃薯种薯的海外市场，进而发展和延伸当地马铃薯的产业链条，为布拖马铃薯的产业化和合作社发展注入新动能。

第二章

初心永驻　逐梦前行

一、探布拖县自然之法则，寻马铃薯适应之道

在正式入住科技小院期间，在布拖县农业农村局及县气象局等部门的协助支持下，科技小院团队完成了布拖县马铃薯生产过程中面临的自然灾害调研分析，并在气象局陈静老师的统筹协调下，整理完成了布拖县月平均气温（℃）、月最高气温（℃）、最低气温（℃）、月降水量（mm）、月平均2分钟风速（m/s）、月极大风速（m/s）、日照时数值（h）等相关气象资料。完成此项工作有利于各项农业工作的开展实施，同时为我们在布拖的各项试验示范提供可靠的气象数据支持。总的来说，布拖存在以下几方面的自然灾害。

（一）布拖县常见自然灾害

1.暴雨涝害

布拖县受季风影响较大，气候多变，雨量丰富，加之地处高原地区，境内山谷、河谷多，植被易受到破坏，所以，一遇暴雨，极易发生洪水、泥石流。同时暴雨会对植株幼嫩组织造成一定伤害，主要表现为，暴雨对叶及茎秆产生强烈的机械冲击和破坏，直接损伤其幼嫩组织；而在暴雨转晴后常常出现暴晒天气，极易烫伤田间幼嫩部位的叶、茎和花器组织，造成大量伤口，极易引发田间农作物的各种病害，导致严重减产。

涝害主要是由土壤水分过饱和而导致的缺氧，进而使马铃薯的生理活动被抑制的现象。在缺氧条件下，根系的无氧呼吸以及厌氧菌的活跃，使大量硫化氢、甲烷、酒精等有害物质积累，造成马铃薯部分根系腐烂，影响水肥吸收。此外，连续阴雨会使植株光照不足，呼吸消耗大，叶片较薄，叶色较淡，长势衰弱，造成落花落果并诱发多种病害；连续阴雨骤然

放晴会使作物蒸发量增大而萎蔫，影响光合作用，造成植株生长不良，易染病，个别植株易发生病害死亡（图2.1）。

图 2.1　马铃薯遭受涝害

2. 寒潮霜冻

寒潮是冬季的一种灾害性天气，是指来自高纬度地区的寒冷空气，在特定的天气形势下迅速加强并向中低纬度地区侵入，造成沿途地区剧烈降温、大风和雨雪天气。这种冷空气南侵达到一定标准的就称为寒潮。寒潮带来霜冻时，温度会降至0℃以下，植物细胞与细胞间隙中的水结冰，导致其体积增大，产生压力，使细胞内的水分不断向外渗透，引起脱水，最终造成植株部分枯萎或完全死亡。但降雪对越冬农作物也有一定的保护作用，一方面寒潮低温能冻死一些病虫害，使农作物来年病虫害减轻，牲畜传染病减少；另一方面来年积雪融化能缓解春旱。布拖县马铃薯种植时间较早，当地的农户们主要在每年的2～3月份开始播种，最迟在3月中旬前播种完毕。但据近20年的温度统计，布拖县山区3月的平均温度大多低于10℃，而马铃薯植株在低于7℃时就会停止生长，且布拖县在4月下旬时常会出现骤然降温甚至下雪的天气变化情况（图2.2），而4月份马铃薯植株正处于幼苗生长期，抗寒性不足，使马铃薯植株地上部出现萎缩、发蔫的现象，并伴有塌陷的情况，从而导致马铃薯产量低、品质差等一系列问题。

图 2.2　科技小院所在园区积雪

马铃薯在播种后、出苗前，一般受冷害的影响不大，且在气温回暖后块茎会继续萌发，但表现为出苗延迟（图2.3）。出苗后，在–0.8℃时幼苗受冷害影响；气温降到–2℃时幼苗受冻害影响，表现为叶片迅速萎蔫、塌

图 2.3　马铃薯遭受冻害

陷，当气温回暖，受害部位会呈水浸状，死亡后变褐；在–3℃时茎叶全部冻死。但只要种薯薯块未被冻死，气温回升后，块茎会在芽眼处重新发芽，即从茎的腋芽部分重新发出茎叶继续生长，所以低温冻害不会造成马铃薯绝收，但遭受冻害的植株，易出现植株增长过快、感染疫病等现象。马铃薯在开花环节，如果温度低于–0.5℃时，也会发生冻害，最终影响生长。在结薯期间，马铃薯受冻后，影响养分的分散和转移，导致马铃薯的生长形式不乐观，品相差，受冻马铃薯块茎小，淀粉积累少且不易储藏。

马铃薯在贮藏期受冷害时，其块茎横切面会出现网状坏死，可能布满整个块茎，也可能只分布于受冷害的一侧。但随着冷害加重，维管束环周围出现黑褐色斑点，脐端附近更严重。受冻块茎在解冻后，其组织逐渐由白色或黄色变成桃红色，直至变为灰色、褐色或黑色，并迅速变软、腐烂，当水分蒸发后，成为石灰状残渣。

冻害还会延迟马铃薯上市时间，往往遭受冻害的马铃薯要比正常生长的马铃薯上市时间推迟一周左右。而马铃薯上市时间的早晚对于马铃薯种植户的经济效益有很大的影响，若马铃薯上市时间推迟，种植户将会以每五天为一个周期损失纯利润约300元/周期。

3. 高温干旱

高温干旱现象是一项影响最为严重的气象灾害。在一年四季中，高温干旱出现频率较多，且大多以春季干旱为主。在马铃薯进行播种之前，由于土壤中的水分较少，造成幼芽无法正常出土；而马铃薯在幼苗阶段一旦遇到干旱情况，根系自身的伸展作用便无法正常发挥出来；若是在马铃薯茎叶生长环节发生了持续性干旱，就会阻碍作物的生长发育；在块茎形成期遇到干旱问题，将不利于马铃薯块茎的形成。

（二）探索自然灾害应对之策

为应对布拖县独特的气候环境以及在马铃薯生产过程中常见的自然灾

害，科技小院团队正在深入分析布拖县气候变化规律特征，解析自然灾害发生规律；根据当前自然灾害发生规律及其引发的其他病害特征，团队还开展了栽培技术探究、新品种引进等探索，目前已初步形成了大垄双行的抗暴雨涝害种植形式、对马铃薯幼苗喷施BR外源激素以应对低温寒潮、无人机飞防应对大规模病虫害，喷施外源激素提高马铃薯冻害抗性研究的具体内容见第二章，马铃薯高产抗涝栽培技术见第四章；同时，我们也引进了20余种马铃薯新品种，筛选出了以“云薯108”为代表，能够高度适应布拖县气候环境，并表现高产优质特性的马铃薯品种，具体试验研究见第四章；同时，正在做调控马铃薯种薯活力特征、提高马铃薯抗逆能力、调整马铃薯播种时间合理规避自然灾害高发时节的研究。

二、析病害发生之源，防马铃薯病害发生之势

在布拖县农业农村局农技站、植保站等部门的支持下，科技小院对布拖县马铃薯病害的统计整理取得了一定进展。农业农村局为科技小院团队提供了各类资料，廖为站长、赵汝斌站长等领导亲自带队，在马铃薯生长期去布拖县各乡镇的田间地头观察马铃薯出现的各类病害，一一记录并对照资料进行辨别，同时根据受害特点整理各类防治方法，形成了布拖县马铃薯病虫害防治的规范文件。将目前发现的病害及其防治方法等内容总结如下：

（一）马铃薯常见病害

1. 马铃薯晚疫病

危害特征：多从下部叶片叶尖或叶缘开始。

叶片受害：叶尖或叶缘产生水渍状、绿褐色小斑点，边缘有灰绿色晕

环（图2.4）；湿度大时外缘出现一圈白霉，叶背更明显；干燥时病变部位变褐干枯，如薄纸状，质脆易裂。

图 2.4 马铃薯晚疫病症状

块茎受害：表面出现黑褐色大斑块，皮下薯肉亦呈红褐色，并逐渐扩大腐烂。

叶柄受害：形成褐色条斑；潮湿时有白色霉层；严重时叶片萎垂、卷曲，全株黑腐。

2. 马铃薯早疫病

危害特征：主要为害叶片，也可为害块茎，多从下部老叶开始。

叶片受害：初期有一些零星的褐色小斑点，后扩大，呈不规则形

图 2.5　马铃薯早疫病症状

（图2.5），同心轮纹，周围有狭窄的褪色环晕；潮湿时斑面出现黑霉；严重时，形成黑色斑块，使叶片干枯脱落。

块茎受害：块茎表面出现暗褐色近圆形至不定型稍凹陷病斑，边缘明显，病斑下薯肉组织变成褐色干腐。

3. 马铃薯炭疽病

危害特征：马铃薯炭疽病主要为害马铃薯叶片，为害较严重时，病菌也可侵染马铃薯植株的茎基部和薯块，引起马铃薯植株萎蔫坏死和薯块腐烂。

叶片受害：发病初期叶色变淡，顶端叶片稍反卷；病情加重后在叶片上形成近圆形或不规则形坏死斑点，呈褐色或赤褐色，边缘明显；当病斑呈灰褐色，且相互连在一起形成大的不规则坏死斑，导致叶片干枯或坏死。

地下根部染病：从地面至薯块的皮层组织腐朽，易剥落，侧根局部变褐，须根坏死，病株易拔出。茎部染病：生许多灰色小粒点，茎基部空腔内长很多黑色粒状菌核。

布拖县马铃薯炭疽病一般是从6月上旬开始（马铃薯现蕾前后）侵染发病，发病后在病部产生分生孢子，借风雨、气流等传播蔓延，经伤口侵入或直接侵入，形成再侵染。布拖县从7月份开始进入雨季，马铃薯生长也进入中后期，此时马铃薯炭疽病达到发病高峰。高温高湿、田间管理粗放、地块贫瘠、排水不畅等都会导致马铃薯炭疽病。

4. 马铃薯其他主要病害

当前布拖县主要的马铃薯病害还有马铃薯软腐病、马铃薯黑胫病、马铃薯病毒病以及马铃薯尾孢菌叶斑病等。其中，马铃薯软腐病主要发生在生长后期及贮藏期其对薯块为害严重。马铃薯黑胫病主要侵染茎和块茎，从苗期到生育期均可发病，病株多数失水下垂，叶片上卷、不变色，整株萎蔫，黑胫部分黑褐色腐烂。

马铃薯病毒病是马铃薯生产上最严重的病害之一，主要分为小叶病型与普通花叶型。小叶病型：从植株心叶长出的复叶开始变小，与下位叶差异明显，新长出的叶柄向上直立，小叶常呈畸形，叶面粗糙。主要有三种症状：花叶型，严重时叶片皱缩，全株矮化，有时伴有叶脉透明；坏死型，叶、叶脉、叶柄及枝条、茎部都可出现褐色坏死斑，病斑发展连接成坏死条斑，严重时全叶枯死或萎蔫脱落；卷叶型，叶片沿主脉或自边缘向内翻转，变硬、革质化，严重时每张小叶呈筒状。普通花叶型：叶片沿叶脉出现深绿色与淡黄色相间的轻花叶斑驳，叶片有一定程度的皱缩。有些品种仅表现轻花叶，有的品种植株显著矮化，全株发生坏死性叶斑，整个植株自上而下枯死，块茎变小，内部有坏死斑。黄化卷叶型：病株叶缘向上翻卷，叶片黄绿色，严重时叶片卷成筒，但不表现皱缩，叶质厚而脆，易折断。重病株矮小，个别的早期枯死。皱缩花叶型：条斑花叶与普遍花叶复合侵染症状为皱缩花叶，叶片变小，顶端严重皱缩，植株显著矮小，呈绣球状，不开花，多早期枯死，块茎极小。马铃薯尾孢菌叶斑病主要为害叶片和地上部茎，叶背出现致密的灰色霉层，即病原菌的分生孢子梗和分生孢子。

（二）探索马铃薯病害防治之道

科技小院团队针对以上已发现的布拖县马铃薯存在的病害问题，形成了各类的马铃薯重要病害的防治建议方法，虽具体的防治措施因每种病害会有所不同，但防治理念和方法均有相通之处，只要合理遵循其发生规律，即可在一定程度上达到防治效果。以布拖马铃薯重要病害晚疫病为例，通过选育抗病品种、建立无病留种地和选用无病种薯、播前进行种薯处理并精选种薯、加强田间的栽培管理、生长期进行相应的药剂防治等措施进行马铃薯全生育期的防御，已经产生了显著成效；同时也结合前期的调研情况，向布拖县委县政府提交了“马铃薯晚疫病统防统治建议”，2020年已在科技小院的协助下初步实施并取得成效，具体“马铃薯晚疫病统防统治建议”对布拖县马铃薯晚疫病防治的成效见本书第七章。

三、究布拖县马铃薯虫害发生之因，寻自然和谐共处之道

（一）马铃薯常见虫害

1. 马铃薯蚜虫

马铃薯蚜虫是常见的马铃薯地上部害虫，主要是桃蚜，通过取食汁液为害马铃薯叶片。马铃薯蚜虫体形细小，为椭圆形，以绿色为主。当田间湿度较大，温度达到20℃左右时，马铃薯蚜虫容易繁殖，并大面积暴发。

2. 蓟马

马铃薯生长的任何时期都有可能发生蓟马危害，蓟马可为害马铃薯叶片、茎秆及花器。为害叶片时，常沿着叶脉锉食组织并吸取汁液，叶片上出现透明、银白色的斑点或条带，周围出现许多蓟马粪便黑点，严重时斑点连成片，叶片失绿变黄，干枯脱落。为害茎秆时，茎秆表面产生透明、凹陷、银白色的条纹，茎秆失去生气。受蓟马为害的马铃薯植株营养流失，光合作用被破坏，生长受阻，甚至停止生长，对马铃薯产量造成一定影响。蓟马不仅影响田间及温室内马铃薯的生长，降低马铃薯产量，蓟马还可在组培室内传播，严重危害马铃薯组培苗的生长，使组培苗被大量细

菌、真菌污染。

3.蛴螬

蛴螬是常见的马铃薯地下部害虫之一，是金龟子或金龟甲的幼虫，体形肥大，多为白色，少数呈黄白色，通常弯曲成“C”形，主要取食马铃薯块茎造成危害。蛴螬有假死和负趋光性，在土壤温度为15℃时活动旺盛。

4.马铃薯其他常见虫害

布拖县马铃薯常见虫害除上述三种外，还有马铃薯块茎蛾、地老虎、马铃薯瓢虫、潜叶蚊等也是较为常见的马铃薯地上、地下部害虫，为害马铃薯块茎，主要是由其幼虫取食马铃薯块茎并造成弯曲的孔洞。马铃薯块茎蛾体长约5～6mm，每年5～10月其幼虫危害严重，可以使马铃薯减产25%左右。地老虎是常见的马铃薯地下部害虫之一，为夜蛾的幼虫，体形比较肥大，体表为黑褐色，主要取食马铃薯块茎，当相对湿度85%左右，温度在15～25℃时活动旺盛。马铃薯瓢虫是常见的马铃薯地上部害虫。危害马铃薯的瓢虫主要是二十八星瓢虫，主要取食叶片背面叶肉造成危害，为害时间主要是6～8月。潜叶蝇主要为害马铃薯的幼虫，以幼虫潜入叶片表皮下，曲折穿行，取食绿色组织。为害严重时，叶片组织几乎全部受害，叶片上布满蛀道，尤以植株基部叶片受害为最重，甚至枯萎死亡。

（二）探寻马铃薯虫害防治之策

科技小院团队根据以上发现的布拖县马铃薯虫害问题，初步拟定形成了以下的防治建议方法：

在农业防治方面，首先，要选择优质抗病脱毒的品种，且要适合当地天气、土壤条件，从而有利于减少病害的发生；其次，要选择无病种薯，剔除有病种薯，可以采用小整薯播种。对于大块种薯需要切块播种，切刀要先在5%高锰酸钾溶液或70%～75%酒精中进行浸泡消毒；还需提前进行精细整地，合理轮作，选择肥力中等、土壤疏松、耕作层较厚、排灌方便的沙壤土田块种植。播种前将田间杂草去除，并将田土耙平整碎；此外，也需注意双行垄作、合理密植、中耕培土、平衡施肥等田间操作。

在物理防治方面可以铺设驱蚜膜，也可以使用黄板、杀虫灯进行诱杀；在生物防治方面主要针对马铃薯蚜虫，可以在田间释放一些蚜虫的天敌，比如瓢虫、食蚜蝇和寄生蜂等；在化学防治方面须针对不同的虫害使用不同的化学药剂进行防治；综合防治则需要在马铃薯种植过程中，对田间的光照、温度、湿度和水分进行综合管理，以利于马铃薯的生长，提高马铃薯抗性，从而预防病虫害的发生。而当病虫害发生后，则需要综合采取物理防治、生物防治和化学防治等综合措施，尽可能控制病虫害发生，减少病虫害造成的损失。

四、问布拖县贮藏之弊，寻解决之方

（一）布拖县马铃薯贮藏常见问题

1.布拖县散户马铃薯现状调研

布拖县气候条件特殊，地区偏远，当地农民并不重视马铃薯贮藏，导致贮藏后期人们不得不食用已发芽的马铃薯。不仅如此，贮藏不当也给布拖马铃薯产业带来了不小的损失，严重影响其健康发展。因此，有必要对当地马铃薯散户贮藏的重点问题进行技术攻关。对此，在雅安市农科所农艺师驻布拖县乃乌村干部郝克伟老师的支持带领下，布拖县布拖马铃薯科技小院的张杰、杨勇、冉爽、唐梦雪等同学在2019年6月走访调研了拖觉、各则村、苏嘎村、拉果乡等多个乡镇，每个地点随机调查3～5户人家，以调查问卷的方式对各个农户家的马铃薯贮藏情况进行调查记录。统计结果表明，农户大多种植品种为“布拖黄洋芋”（“米拉”）、“红洋芋”（“青薯9号”）。马铃薯收获日期为8月中旬，通常贮藏到12月即会出现发芽情况；产量方面因2018年雨水多大都遭遇晚疫病，每亩只收获2000多斤，而正常情况下能达到3000斤。

2. 马铃薯贮藏方式简单

布拖县马铃薯农户不论是贮藏种薯还是商品薯（包括自留作粮食和喂猪的薯块），其方法大多还是采用传统方式，即收挖时大小分类运至室内堆放，极个别的农户收挖后就地堆埋，待出售时再取出。而在高山上的耕地距住所较远的也有个别农户将种薯就地挖坑并覆土掩埋，待第二年春播时取出作种。在冬天温度低，仅用干草、塑料薄膜或者玉米秸秆覆盖，以防止马铃薯冻害。

3. 马铃薯贮藏技术落后

布拖县马铃薯的贮藏条件极差（图2.6、图2.7），贮藏方式大多为散户贮藏，有很多农户受房屋条件限制，只能将贮藏薯堆放在厨房、卧室、杂物间等房间的角落，等待出售的商品薯大都堆放在屋檐或墙角这些容易被风吹雨淋的地方，马铃薯的贮藏缺乏预处理、温湿度管控措施及病虫害防治措施。部分农户田间收获后不经晾晒、挑选，直接将带土的块茎包括病薯、烂薯、伤薯一起堆放，不分品种、用途混合贮藏，在贮藏过程中不检查、不调整贮藏温度、湿度不进行通风换气，造成烂薯、发芽、黑心、冻害等。

图 2.6　贮藏设施简陋

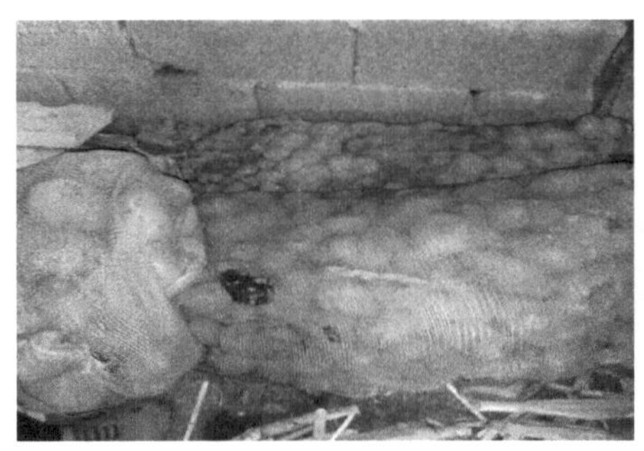 

图 2.7　马铃薯贮藏粗放

4. 马铃薯贮藏损耗严重

布拖县马铃薯收获季节主要在每年7月份，据气象部门资料，布拖县常年年降水量均在1000mm以上，而80%的降水均集中在每年的6～9月。马铃薯收获的季节正是这个时间段，收获的薯块直接堆放在室内，但由于堆放厚度过高、贮藏温度过高、湿度过大、空间小难以翻整等不利条件，马铃薯极易受病菌感染腐烂，特别是没有经过预处理的，耗损相当严重。由此，科技小院团队针对调研结果并展开马铃薯贮藏方式探索，并直接在农户家开展试验。

（二）探寻马铃薯高效贮藏方式

为解决收获后马铃薯块茎在贮藏过程中出现的烂薯、发芽、黑心、冻害等问题，科技小院团队着手在农户家开展贮藏示范性试验，探究氯比苯胺灵（CIPC）、疏水纳米二氧化硅、α-萘乙酸甲酯或α-萘乙酸乙酯、薄荷醇、樟脑、萘、茉莉精油以及紫茎泽兰干粉与木屑拌种各处理对马铃薯抑芽贮藏能力的影响，以及为阐明马铃薯萌芽过程中油菜素内酯调控机制及其与环境温度的关系，利用分子技术辅助选育耐贮藏品种，并为马铃薯贮藏调控新技术研发提供新的依据，马铃薯贮藏技术的应用与推广在本书第四章有详细的阐述，马铃薯贮藏技术的机理及其分子机制探究方面在本书第八章有详细的阐述。

五、诊种薯退化之因，开高产优质之良方

（一）布拖县马铃薯种薯常见问题

马铃薯是一种无性繁殖作物，生产中容易被病毒侵染而出现退化现象，病毒一旦侵入马铃薯植株和块茎，就会引起马铃薯严重退化，并产生各种病症，进而产量与品质也会大幅度下降。在马铃薯栽培过程中，主要表现为叶片皱缩卷曲，叶色浓淡不均（图2.8），茎秆矮小细弱，块茎变形龟裂（图2.9），产量逐年下降等。影响退化速度的因素主要有内因和外因两个方面。内因是指品种的抗逆性，即抗病毒侵染的能力；外因是指环境因素，即病毒、高温、栽培技术等。

图 2.8　马铃薯品种退化田间表现

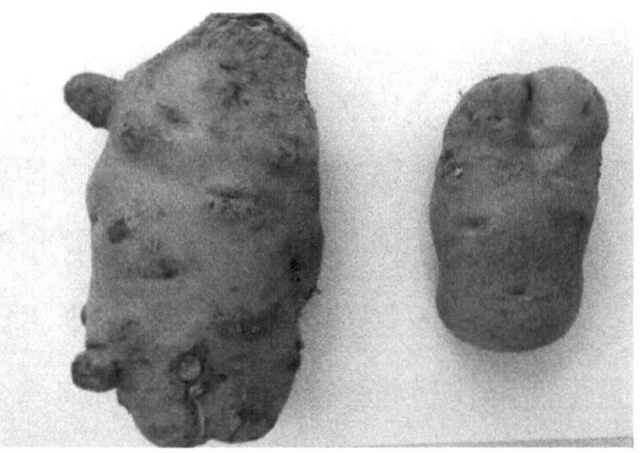

图 2.9　马铃薯品种退化薯块

从2019科技小院成立开始，在科技小院依托单位布江蜀丰生态农业科技有限公司常务副总陈良煜的带领下，科技小院研究生杨勇、徐驰等一同跟随农业农村局相关领导专家对布拖县各个乡镇进行了走访调查，即使在海拔3000多米的高山上也发现了严重的马铃薯退化情况，甚至有超过50年以上的自留种，从未更换过种薯的情况层出不穷，不断地使用自留种造成了马铃薯退化严重，病毒累积，产量连年下降，病虫害发生严重。

品种的抗逆能力是退化的主导因素，决定了马铃薯品种种性的退化程

度和退化速度。生产上采用无性繁殖，使马铃薯易感染疫病和病毒病，造成马铃薯种性退化、生长势弱、植株矮小、产量下降、品质变劣、经济效益低而不稳定等不良影响，从而失去品种优良特性和种用价值。良种选育滞后，品种格局单一，不能适应复杂的生态环境和市场多元化需求。马铃薯产区气候复杂，农业生态多样，产业基础和区位优势不一，再加上市场需求日益苛刻，单一的马铃薯品种已无法满足市场的需求，逐渐被市场淘汰，同时也变相加快了种薯退化。

马铃薯种性退化主要由内因决定，而同一品种的马铃薯在不同的栽培条件下，退化差异也很大，故不良的环境因素对种性退化也具有推波助澜的作用。病毒是引起退化的直接外因，高温是退化的间接外因。病毒虽然是直接外因，但能否引起种性退化，还必须通过内因起作用；高温影响植株的生长发育和抗病、耐病性，还影响病毒的繁殖和侵染致病力。马铃薯在高温下栽培，会造成生长势弱、耐病力下降，且高温有利于病毒繁殖侵染和在植株体内扩散，还有利于蚜虫的繁殖，增加传毒媒介，加重病毒为害的局势。地域性种植条件制约着种薯种性的退化速度。一般来说，纬度和海拔越高，种薯退化越慢，种用寿命越长，反之就越短。

布拖县地处1500m以上的二半山区、高寒山区，气候冷凉，因而种薯退化速度比较慢，但由于彝族同胞们多年采用马铃薯自留种进行播种，造成马铃薯品种退化，导致马铃薯植株矮化、叶片卷缩、茎秆变细弱、薯块变小、变畸形等问题越来越严重，这是马铃薯种植过程中普遍存在的问题，严重制约了马铃薯种植的发展。布拖县马铃薯种薯除少数由种薯生产企业提供外，大部分种薯的生产、扩繁主要依托农户自身，他们根据长期积累的经验种植繁育种薯，缺乏统一的种薯生产技术标准和种薯质量检测标准，使新的栽培技术模式推广普及率不高，新品种推广缓慢，品种结构不合理，生产出的种薯质量不过硬，投入生产后品种优势不显著、退化较快。同时，种薯生产、销售组织化程度不高，种薯质量难以保证。缺少大型专业化种薯生产基地和企业化运作的种薯龙头企业，龙头企业与农户、生产基地之间没有建立起稳定的产销关系，产销环节脱离。农民的文化素质和科学技术水平相对较低，对市场化信息的掌控有限，难以应对瞬息万变的市场经济，使种薯在生产、销售上很难获得质量保证。

种薯在收购、运输、贮藏过程中的机械损伤、混杂、腐烂现象严重，降低了种薯质量和纯度。国家定点的种薯专业批发市场少，现有交易市场规模较小，销售期长，加大了种薯损害程度。种薯品种乱、混杂现象严重且不重视包装、运输环节，加大了种薯混杂概率。窖藏时间长，窖内温度、湿度难以控制，常常发生烂窖、长芽、种薯质量下降等情况。

（二）寻求高活力种薯生产

针对当前马铃薯种薯活力生产现状，科技小院团队初步制定了以下解决方案：

1. 选用适宜的品种

在生产中，根据实际需要，选用生长期长、适合春季栽培、产量高、抗病力强、退化较轻的马铃薯品种，这样能够有效地减缓马铃薯种性的退化速度。

2. 严格留种，科学选种

为防退保纯，可以在生产或贮藏时采用科学的方法进行选留种。一是在田间马铃薯生长期内，选择出苗早、幼苗健壮、叶片平展、生长盛期有花或花蕾、无退化表现的优良单株，取单株产量高、薯块大而整齐、没有病害的薯块作种薯。二是在贮藏时严格剔除病、烂薯。三是在播前种薯切块时，淘汰薯块内变色、硬心、花心的切块，首选有芽、有根的芽苗种薯进行栽种。四是实生苗留种。许多病毒在马铃薯种子形成的有性生殖过程中可以排除，因此用马铃薯的种子生产种薯可以不带病毒。实生薯一般不带病毒，但不等于在种植期间不感染病毒。由于实生薯在种植三年后增产优势减弱，三年后需重新育苗生产种薯，及时更换实生薯。此外，马铃薯种子休眠期较长，当年不易发芽，因此在生产上最好选用隔年的种子，以免催芽困难。

3. 及时防治蚜虫

针对病毒传播的途径及媒介，特别是蚜虫传毒的特点，在生产上要及时防治蚜虫，从而达到避免病毒传播减轻马铃薯品种退化的目的。防治蚜虫一般可选用早熟品种或拖后播种，可以躲过蚜虫迁入高峰期，减轻蚜虫传毒。在蚜虫发生时可通过以下药剂防治：可在生长期用2.5%的功夫水乳剂，亩用量25.0～50.0mL进行叶面喷洒。

4. 茎尖脱毒

很多病毒不能侵染马铃薯茎尖的分生组织，可切取0.5mm以内的茎尖进行离体培养，培育出无病毒植株，以达到防止品种退化的目的。

5. 整薯播种

通过整薯播种可以有效避免各种病害的发生。此外，整薯播种，还可以利用块茎的顶芽优势，长出较多的茎叶，增加光合面积，有利于多结薯、结大薯。整薯播种以薯块20.0～50.0g为宜。

6. 加强田间管理

选择土质疏松、透气性好的沙质壤土种植马铃薯，合理轮作，增施有机肥，适时浇水。要早中耕、多翻耕，以提高土温，促进幼苗健壮生长。追肥要早，可在苗高25.0cm时结合培土进行，追肥迟了薯苗后期徒长，薯块小。培土要早，还应进行多次培土。花蕾期以后，薯块开始膨大，要小水勤浇以降低温度，增加湿度，提高产量，减轻退化。具体详细的解决方案及其技术参数在本书第三章与第四章详细呈现。

六、承千年彝乡之精髓，创时代发展新格局

（一）制约布拖马铃薯产业发展的因素

1.社会因素制约

近年来，布拖县的马铃薯产业发展水平不断提升，在实现高质量发展方面取得显著成效，但目前还存在不少制约因素，推动马铃薯产业持续健康发展任重道远。

（1）农户整体生产规模小、处于分散经营状态

农户马铃薯种植规模普遍小，20亩以上连片集中的种植面积占比不到全县马铃薯总面积的3.0%。若马铃薯种植不成规模，即使有销路，但本地不成规模的种植情况也无法满足订单需求，最终无法实现规模生产，无法达到较高的经济效益。

（2）农产品商品率不高

布拖县97.0%的人口是彝族，因受传统生活习惯与种植文化的影响，使马铃薯成为其主要口粮之一，目前生产的马铃薯主要用于满足家庭食品需求，剩余部分用于饲料喂养家畜或留种。马铃薯在本地兼有生活资料和生产资料的属性，商品率较低（<50%），制约了本地优势马铃薯资源的开发与利用。

（3）土地流转困难

经过科技小院学生调研发现，彝族同胞还根深蒂固地保留着世代彝族农耕文化中非常重视土地的观念。同时，因土地产出的马铃薯和荞麦是当地人的主食，土地被视为维持基本生活的依靠。尽管，当地越来越多的农村青壮年外出务工，但土地仍被他们视为生活保障的最后屏障，故农户土地流转的意愿普遍较低，制约了农业规模化经营。

2. 人文因素制约

（1）农业生产思想观念保守

彝族农户文化程度普遍不高，思想观念偏于传统保守，加之当地普通话普及率不高、交通不便等因素，造成先进农业技术推广传播速度慢。彝族农户对新产品、新技术接受度低，不愿意参加技术培训学习。文化素质相对较高的农村青壮年大多选择外出务工，留在村里的劳动力多是老人，对采用新的农业技术积极性不高、能力不强。面对技术成熟且优质马铃薯生产种，农户不愿意承担亩均几百元的生产成本，宁愿换种也不愿意出钱购买种薯，逐渐形成了依赖政府免费提供的种薯进行生产的局面。目前，布拖县马铃薯亩产为1500kg左右，产量水平总体偏低，影响产量的主要因素是使用多代自留种、农户种植技术原始、播种后缺乏田间管理，未按时进行水肥管理，收获马铃薯受病虫害影响严重（图2.10）。

图 2.10　马铃薯病虫害严重

（2）新品种普及率低

随着调整马铃薯主粮化战略，马铃薯市场的竞争也日益激烈。近年来，国际上已经开始向马铃薯产品多元化发展，在西方发达国家马铃薯加工品种有300种之多，虽然我国一些地区也在马铃薯相关行业发展了很多，但是受市场和环保等各种因素的影响，我国马铃薯加工企业锐减。与此同时，相对国外马铃薯生产，我国马铃薯新品种和优质脱毒种薯普及率及良种利用率均相对较低品种较为混杂，产量偏低、效益也相对不高。而在布拖县，仅“青薯9号”品种的普及率较高，但其也出现了快速退化的趋势。因此，在种植推广基础上，要加强新品种及优质种薯的引进、示范、推广。2020年布拖马铃薯科技小院在布江蜀丰生态园区开展了高产示范栽培和品种比较试验示范，进一步将优质新品种引进布拖，改善当地马铃薯种植品种。

（3）病虫害及防治技术落后

2019年科技小院团队对全县马铃薯生产病虫害进行调研，调研发现2019年布拖马铃薯遭受了大面积的晚疫病病害，并调查了具体发生情况、病害种类、病害防治措施、种薯药物处理情况，结果显示，当地农户几乎不采取任何病虫害预防、防治措施，所以病虫害一旦发生便会对马铃薯产量造成重大影响。

（4）马铃薯贮藏设施简陋

贮藏方式较为落后，仅简单堆放在室内，没有良好适宜的贮藏条件。从用途方面看，当地马铃薯除自留种和留食外，其余主要作为饲料用，出售少，不具规模，对于贮藏条件普遍不够重视。

（5）马铃薯产业链不完善

① 马铃薯产业结构落后。当前，布拖县马铃薯产业依托四川农业大学、“科技小院+产业园区”已取得了显著的社会效益、经济效益和生态效益。但优质马铃薯种薯向农户推广过程中仍较困难。例如，在一亩地播撒种薯5000 ～ 6000粒，购置新薯种成本在2500 ～ 4800元不等，这样的高成本投入制约了农民选择新薯种，而连续使用自留种，则导致亩产量降低。此外，品种混杂，栽培粗放，也导致了经济效益不高；而马铃薯市场销售渠道狭窄，各村镇缺乏职业经理人，没有农产品集中交易中心；加之运输成本高，外地采购商即便面对优质高产的马铃薯也敬而远之。

② 马铃薯产业组织程度不高。农户以个体分散经营为主，全县农民专业合作社不足300个，调查发现，全县农民专业合作社发展存在种植规模“小”、组织“散”，且普遍以家庭经营和种植大户为主，运行情况普遍不佳，对农户的带动、组织作用较弱。

③ 马铃薯产业关联度不强。当前布拖县新薯种采用率很低，导致产业链研发端与市场衔接不紧密。此外，在涉农资金支持马铃薯产业风险防控方面，2019年全县马铃薯种植面积21.6万亩，而防控面积仅1万亩，产业风险和农户种植风险很大。

④ 产业技术支撑不够。当地马铃薯种植资源丰富，但农户无法参与原原种生产。此外，当地经常受到气候影响，马铃薯晚疫病发生率高，但尚无马铃薯晚疫病统防统治的支撑保障。储存设施缺乏，储存技术落后，种薯及商品薯的质量均得不到保障。加工技术落后，当地缺乏对马铃薯初加工流程的认识，产后的初加工能力弱。

⑤ 市场监管体系不健全。当前，因布拖县马铃薯产业化还在起步阶段，马铃薯销售缺乏市场准入制度和检测监督机制，在马铃薯管理方面也没有专门的执法机构，强制标准执行难度非常大，导致种薯销售、外进繁种企业处于自发无序的状态，不论什么标准的种薯都能直接流入市场，致使种薯市场混乱。

⑥ 栽培品种单一。布拖县地理位置不佳，交通不便，山势等原因造成马铃薯无法大规模地使用机械化生产，此外，每年的马铃薯连作问题，导致马铃薯产出量不大，难以满足大规模的订单需求。“布拖乌洋芋”受自身因素限制能种植的区域小，数量少，难以打开市场，无法满足市场需求。“布拖乌洋芋”彝族名字叫“牙优阿念念”，主要有“牙优念波”“阿念牙优”两种。生长在海拔2600米以上的高寒山区，属绿色特色无公害农产品。“布拖乌洋芋”具有其他洋芋无法比的优良品质，它皮薄、质嫩、淀粉含量高、营养丰富、口感好、耐贮存。薯形小巧玲珑，一般直径在

7～8cm左右，切开后离表皮4～5mm处有一圈紫色的圆环，中心的薯肉为白色。但乌洋芋对气候、土壤、肥料等有着特殊的要求。一般最适应在海拔2600～2800m之间，土质肥沃、排水性良好、昼夜温差大，常年雾罩时间较长的特殊地域内种植。如果离开了这些基本的种植条件，种出来的乌洋芋在品质方面就会有所下降。由于乌洋芋对其生长条件要求独特，故布拖县真正适宜种植乌洋芋的区域仅限于火烈、拉果、瓦都、米撒、九都等9个乡的部分村组。也正是如此，“布拖乌洋芋”的种植规模小，总产量低，难以打开国内外市场，也满足不了市场需求。

（二）探寻布拖县马铃薯发展新格局

布拖县位于四川省凉山彝族自治州，凉山州土壤类型以紫色土、红壤土、黄棕壤、棕壤为主，占土壤总面积的80%，土壤结构好，土层深厚且疏松，透气性好，土壤微酸，pH值在5.8～7.5之间，养分含量较高，有机质含量1%～4%，碱解氮和速效钾含量丰富，碱解氮60～135mg/kg，速效磷5～25mg/kg，速效钾在50～170mg/kg以上，适宜种植马铃薯。凉山州马铃薯在长期的栽培和自然选择下，形成了独特的产品特征，品种上以凉薯系列为主，生产出的马铃薯以长椭圆形为主，薯块芽眼中等，表皮较光滑，黄皮黄肉为主，适宜加工或鲜食菜用。尤以四川凉山彝族自治州布拖县的特产布拖乌洋芋最为出名。

马铃薯在凉山州种植已有400年左右的历史，是该地农民选留与自然选择的结果，在长期的马铃薯种植实践中，劳动人民积累了种植和繁育经验。马铃薯是凉山州高二半山区农民群众重要作物。彝族的日常生活、婚、丧、嫁、娶及高山畜牧业离不开马铃薯。科技小院团队通过在当地开展实地调研、集中培训、现场技术指导、座谈交流、示范推广等服务，使接受培训的广大农户已基本掌握良种良法。凉山州马铃薯有较强的市场优势，2009年5月27日，“凉山马铃薯”被农业部正式批准实施农产品地理标志登记保护，成为国家地理标志保护产品。与此同时，科技小院团队根据2019年马铃薯种植实验结果选出了表现出高抗晚疫病特性的品种“云薯108”和“川凉薯10号”作为2020年主要种植品种，并配套多个当地优势品种开展抗病高产栽培示范与品种对比研究，具体品种引进示范试验与高产栽培技术在本书第四章、第八章详细呈现。科技小院团队选育出适宜特困山区栽培的马铃薯高活力优质专用品种8个、育成高活力新品种2个和适宜于四川及周边特困山区的种薯活力调控技术及“良种、良繁、良法、良品、良模”五良联动新体系，通过技术示范推广增强马铃薯产业抗逆丰产能力，同时，配合园区对引进播种的各类马铃薯品种进行示范比较，并在园区、当地土地流转基地、贫困村示范农户家进行种植指导；促进当地农民增收，企业增效。

第三章

聚力原原种繁育体系构建 推动马铃薯涅槃重生

一、科技小院助力雾培原原种繁育大棚管理

（一）马铃薯雾培管理

雾培又称气雾栽培，是一种新型的栽培方式，它是利用喷雾装置将营养液雾化为小雾滴状，直接喷射到植物根系以提供植物生长所需水分和养分的一种无土栽培技术，又称气培，是喷雾栽培的简称，无土栽培的方式之一。它不用固体基质而是直接将营养液喷雾到植物根系上，供给其所需的营养和氧。通常用泡沫塑料板制的容器，在板上打孔，栽入植物，茎和叶露在板孔上面，根系悬挂在板孔下空间的暗处。每隔2～3min向根系喷营养液并持续几秒，营养液循环利用，但营养液中肥料的溶解度应高，且要求喷出的雾滴极细。雾培的操作过程包含：雾培大棚炼苗、组培苗移栽、幼苗移栽后覆膜保水、雾培长根的马铃薯苗、雾培马铃薯、雾培马铃薯结薯（图3.1）。

雾培的优点是让植物根系处于最佳的肥水气条件下，使任何植物生长的根域环境得以优化，使其适合所有植物的栽培生产，不管是水生、陆生、乔木、灌木、藤本、地被等植物种类皆可以雾培生产，这是一种目前为止适应性最广的栽培模式，可以实现水生陆生植物的共生栽培，其生长速度是普通土壤耕作的3～5倍，特别是一些周期长的作物，随着根系的发展，作为后期生长速度越来越快，而发育周期短的作物，生长速度提高稍慢些，就整体来说，生长速度都有提高的趋势。雾培也是最省水的栽培模式，用水量只需传统耕作的1%～5%，实行营养液循环利用，对外界也可做到零排放，是可持续的永久耕作模式。再者种植过程简化，是一项当前最为省力的农耕模式，传统的整地、除草、施肥、灌溉、打药等主要农作全部可以减免，也是当前最为省力的植物种植模式之一。

雾培马铃薯原原种可直接配比结薯所需营养液，然后雾化供给根系，可以使根系更加均匀地吸收营养，同时从源头上避免了土传病害，还有一

个优点是可以及时采摘适宜大小的原原种，只需要达到5g以上即可进行采收，通过增加采收次数可提升原原种的繁育效率。

（二）马铃薯原原种生产

马铃薯原原种是指育种家育成的遗传性状稳定的品种或亲本的最初一批种子，其纯度为100%。目前，最常见的马铃薯原原种是用脱毒的试管苗移栽或扦插最初产生的种薯。原原种很小，多数在1g以上，最大20g。对标准原原种的要求很高，首先不能带任何病毒或类病毒，其次不能有真菌和细菌性病害侵染，以及不允许有混杂现象发生。原原种的繁殖一般都在温室或网室内进行，严格防止蚜虫、粉虱、螨等害虫。目前，雾培生产的原原种主要分为如图3.1所示的几个步骤。

a.雾培大棚炼苗

b.组培苗移栽后

c.幼苗移栽后覆膜保水

d.长根的雾培马铃薯苗

图 3.1

e.雾培马铃薯

f.雾培马铃薯结薯情况

图 3.1　雾培操作过程（附彩图）

二、科技小院助力园区雾培大棚产能提升

（一）提出马铃薯雾培大棚春秋两季生产流程管理

根据布江蜀丰园区马铃薯雾培大棚的实际情况，就春秋两季生产方式，选择适宜的品种进行培育，做好前期准备工作、种苗选择准备工作、后期管理工作、确定好采收时间；于秋季种植时选择两种模式，将扦插苗顶端幼嫩部位剪下定植于雾培大棚，应做到剪强留弱，剩下的苗子上应保留一个芽，待后期生长可再次剪下用来定植或补苗，这种方法较为节约成本，可增加组培苗的繁殖系数，其余所有流程均与春季生产相同。

1. 春季生产管理流程

（1）春秋扦插前雾培大棚准备工作

提前预订春秋两季生产所需组培苗，10月份找到相应供货单位，确定来年两季用苗的品种、数量和交接时间，并做到随时跟进。

同时，在上一季结束后在春节前完成对所有设备改造、检修以及对下一季所需肥料、药品等提前计划、购买，春节后对大棚进行消毒并安排人工准备春季生产工作。工作内容在春节前完成。

（2）种苗准备工作

要求3月上旬组培苗应抵达园区，之后便开展为期一周的炼苗，炼苗期间，由于天气较冷，应注意夜间保温（根据温度变化可将组培苗置于小拱棚内）。炼苗结束后，开始上苗扦插定植，定植之前，需用生根水处理（生根水配方：用NAA和IBA配制，终浓度分别为NAA 100mg/L，IBA 50mg/L），在定植期间，多组织工人，尽量用较短的时间把苗子及时栽下去，切忌拖拉，以便后期施肥等集中管理。

（3）种植完成后的管理工作

雾培苗定植后应持续供清水一周，以促进生根，一周后开始供给营养液以促进植株生长，待雾培苗生长2个月左右时，更换营养液以促进结薯，用电导率（EC值）确定最终浓度。同时为避免细菌病毒等的滋生，营养液须10～14天更换一次（使用过的营养液仍可以用于园区果树、绿植等施肥，肥效更佳）；过滤网至少一周清洗一次，以防堵塞后无法供应营养。每周进行一次药剂防治，常用药物如晚疫病药（世高）、霜霉病药（霜霉威）、杀菌药（叶枯唑），红蜘蛛药（阿维螺螨酯）、杀虫药（阿维菌素），根据需要增加其他药物，将病虫害药剂按比例配好后，每周喷施，主要以防治为主，此时应注意要提前准备好当季的药剂用量。雾培苗生长时，应用多效唑控制生长势，预防徒长，同时也要结合品种的特异性使用，如品种“米拉”则较好控制，“青薯9号”应提早防控，“凉薯14”前期生长慢，对温度敏感，后期生长快，须把握好时间节点进行施用控制。

（4）采收工作

春季应提早采收，原原种达3～5g即可采收，采收时间可提前，大小合适即可采收，增加采收次数，有利于增加产量。同时7～8月份气温较高，此时也不利于结薯，但是利于秋季幼苗生长，可开展秋季播种扦插工作。

2. 秋季生产

根据秋季生产特点，科技小院提出在8月初与7月初有两种生产方案，可根据实际生产情况进行合理选择。

方案一：于8月初开始准备秋季生产物资，在春季生产采收时，开始采购秋季生产所需药品、肥料，采收结束时药品、肥料应到位，且收获结束后马上开展大棚的清洗、消毒工作，同时按照上一年签订的合同和供薯要求，组培苗应提前10天到位并开始炼苗，其余所有流程与春季生产相同。

方案二：于7月初开始秋季生产，7月初组培苗抵达园区，此时应充分利用蔬菜大棚的空档，在蔬菜大棚的苗床上铺上10～15cm的基质土，将组培苗扦插到苗床上，按照5cm×10cm的密度（200株/m^2），在此期间应注意保温、保水、灌肥、灌药（也可考虑增加滴灌设施，节约人工成本）。今年园区新添基质原原种繁育方法，同样可根据基质长势，配合雾培大棚需要进行扦插。在7月底到8月初，将扦插苗顶端幼嫩部位（生长点距离剪切位置约10cm）剪下定植于雾培大棚，应做到剪强留弱，剩下的苗子应保留一个芽，待后期生长可再次剪下用来定植或补苗，这种方法较为节约成本，可增加组培苗的繁殖系数，其余所有流程与春季生产相同，具体流程见图3.2。

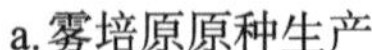
a.雾培原原种生产

b.收获的原原种

c. 摊晾原原种

d. 分装好的原原种

图 3.2　原原种生产、收获、摊晾、分装（附彩图）

（二）制定雾培原原种繁育大棚管理制度

1. 雾培日常管理规程

科技小院对目前雾培大棚管理进行了规范化，制定了《雾培大棚日常管理规程》（表3.1），加强雾培大棚日常高效、标准化管理，提高马铃薯雾培种薯生产效率。

表 3.1　雾培大棚日常管理规程

时间及注意事项	管理措施
8:30—9:00	调整终端控制器时间到准确时间并观察薯苗生长情况
9:00—10:00	检查水罐水位，水位下降到水罐一半即需要加水
	检查水泵，打开手动模式，逐个开启一次，无抽水故障即为正常
	检查管道和箱体是否漏水
	检查水帘蓄水池内部水位，打开加水的开关，加满后关闭
10:30—12:00	观察大棚内部温度，若超过 25℃开窗（包括顶窗与周围窗户），并关闭纱窗；30 ～ 35℃开风机水帘并关闭除水帘后的其他窗户；35 ～ 40℃开启遮阳
16:00 左右	观察大棚温度，若下降到 25℃左右关闭遮阳，温度继续下降关闭风机水帘

续表

时间及注意事项	管理措施
18:00之前	关闭所有窗户，并且按照9:00—10:00流程检查所有设备
其他注意事项	停电前一天水帘蓄水池、营养液罐加满水
	每隔10天清洗水泵过滤器，防止喷头堵塞
	EC值低于设定值的50%即需要添加营养液
	下班前检查控制器状态，调整到自动模式

2. 园区雾培生产

布拖马铃薯科技小院依托单位布江蜀丰园区雾培大棚实行春秋两季种植模式。分别对马铃薯扦插苗品种“米拉”（凉山州良圆马铃薯种业有限责任公司提供的组培苗）；品种“布拖阿斯子”“川芋117”“川芋64”“川芋85”（四川省农业科学院作物研究所王克秀教授团队提供）的水培苗，“布拖乌洋芋”（科技小院在科技调研过程中采集带回进行茎尖脱毒培育）的组培苗进行春秋两季生产。2019采用春秋两季生产模式的雾培大棚标准化管理后，2019年雾培大棚繁殖原原种数量较2018年增加近100万粒，直接经济效益50万元。同时也开始探索冬季种薯生产技术，建立原原种周年生产体系，成功实现一年生产原原种460万粒。与此同时，雾培生产的原原种通过土地流转、借薯还薯等方式，进行马铃薯原种和生产种的繁育，现已完成2000亩原种扩繁基地的建设播种，力争通过3～5年的努力，基本解决布拖县21万亩马铃薯种植面积的种薯需求。

三、科技小院开展雾培原原种生产试验助力产能提升

（一）雾培原原种生产品种观察试验

记录与分析对比当前布拖县主要品种，“米拉”“布拖乌洋芋”“布拖

阿斯斯”“布拖阿什什”在春季栽培条件下的生长性状以及结薯情况。定植后28d开始对植株生长情况进行调查（图3.3），每14d测定1次，生育期内共测定5次，每个品种随机选取15株，测定株高、茎粗、根长、叶面积、叶绿素SPAD值和匍匐茎数量。结薯后开始收获质量大于5g的微型薯，每周采收1次直至全部收获，测定单株结薯数、单株结薯重及平均单薯重。探讨在春季栽培条件下的生长性状以及结薯情况，为今后的生产提供指导。

图3.3　雾培植株生长势调查

（二）雾培原原种生产产量观察试验

在生产过程中，雾培生产中的苗龄、定植以及营养液温度对雾培原原种生产均有显著影响，但目前还不明确其影响规律。对此，科技小院对苗龄、定植以及营养液温度试验进行了对比，使用的试验材料是马铃薯品种“米拉”。

当前，园区雾培生产脱毒苗购置于西昌市良圆公司，由于采购数量较大，所以接种的批次不同。通过试验可以看出，使用54～68d的脱毒苗能够明显增加单株的结薯数；2019年春季雾培生产中，所有脱毒苗于3月26

日～4月9日定植完毕，定植时间越早，产量越高。通过统计发现，定植时间通过影响结薯期的采收次数，从而提高原原种的产量；温度对于马铃薯结薯的影响较大，一般结薯温度在20℃以下。经过温度梯度试验，在布拖特殊的环境条件下，营养液温度对“米拉”的产量影响不显著。在对三个品种的观察中，“凉薯14”和“青薯9号”产量较低，还需要进一步探索适合这两个品种原原种生产的条件。表3.2为“米拉”在苗龄、定植以及营养液温度下原原种产量的影响。

通过试验探明了雾培生产最适合的品种、脱毒苗以及定植时间，2019年的脱毒苗购买数量为15万株，包括“米拉”“凉薯14”“青薯9号”三个品种，2020年脱毒苗购买数量减少为9万株，全部购买“米拉”。通过制定脱毒苗苗龄的标准，购买50～70d苗龄的脱毒苗，大大提高了定植初期苗的成活率，从而减少了苗的成本。适当提前了定植时间，为秋季生产做好了准备，同时也关闭了营养液温度调控空调，避免无效损耗。

表3.2 试验处理对马铃薯原原种产量的影响

试验处理	1	2	3	4
苗龄/d	45（39颗）	54（55颗）	68（54颗）	84（38颗）
定植时间	3月26日（54颗）	4月2日（49颗）	4月9日（43颗）	—
营养液温度	15℃（48颗）	17℃（53颗）	19℃（51颗）	常温（50颗）
品种对比	“米拉”（51颗）	“凉薯14”（26颗）	“青薯9号”（31颗）	—

（三）喷施磷酸二氢钾对雾培马铃薯结薯的影响

喷施磷酸二氢钾叶面肥可达到加快马铃薯生长速率及后期增产的效果（图3.4），对于早熟品种可选择在苗期和发棵期施用，晚熟品种应增加次数才能达到最佳效果，磷酸二氢钾对马铃薯的作用在于提高株高、茎粗、地上干重来提高产量，同时提高商品薯率而提高经济效益（图3.5）。

图 3.4　喷施磷酸二氢钾

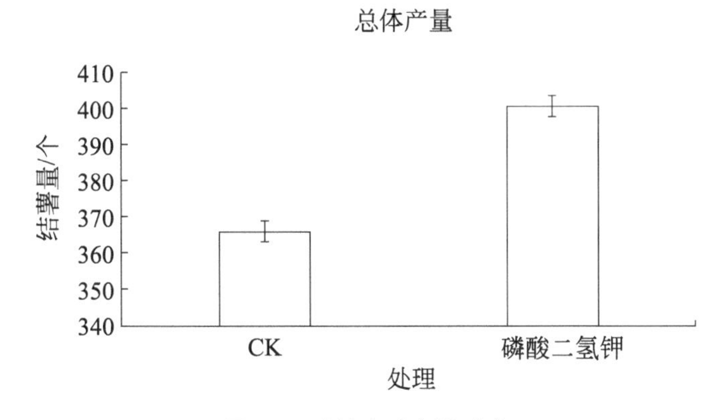

图 3.5　喷施实验产量对比

在薯块膨大期，选取雾培营养液相同、植株（“米拉”）长势一致的6个箱体，每个箱体作为一个处理，进行叶面喷施4g/L KH_2PO_4。每个处理喷施3次，隔7d喷1次。每个处理随机取10窝测定株高、茎粗，计算其生长速率，在生理成熟期测定地上部干重、单株匍匐茎数量、单株结薯数、最大单薯重，并全程记录各级种薯数量（10g以上、5～10g、3～5g、1～3g、1g以下）。

四、科技小院推进高活力种薯繁育与产能提升

（一）外源激素对马铃薯种子活力的影响

雾培原原种因采收时间不同会具有不同的休眠期，由此会出现原原种种薯活力不佳的问题。种薯活力是衡量种薯质量的重要指标，是种薯内在的生理代谢活性调控及其对环境适应能力的总称。受基因型、发育程度、贮藏方式、播种季节等内外因素的影响，在休眠期、萌芽期、出苗率、苗长势、主茎数、抗逆能力等方面表现出不同。高活力种薯在特定播期及环境条件下，萌芽时间准，出苗快、齐，苗也壮，对不良环境抵抗能力强，植株可充分生长、发育，从而获得高产、稳产。

种薯是有生命的有机体，生理成熟时，其活力达到最高水平，以后随着贮藏时间延长，活力也逐渐降低，这种衰老过程就是老化和劣变。保持和提高种薯活力在很多环节中都很重要。从遗传方面选择高活力的品种，从环境方面创造种薯发育的适宜条件，生产高活力种薯，这是种薯活力的基础；在贮藏阶段，创造良好的贮藏条件，延缓衰老，是种薯活力的保证；播前预处理恢复种薯活力，增强种薯的固有性能，则是提高种薯活力的有效手段。高活力种薯出苗整齐，生长快，成熟一致，同时还能提高植株的品质，增加产量，增强抗逆能力。

布拖县等山区生态条件多样，种植制度复杂，马铃薯多季节播种、多种套作模式并存，对种薯活力调控要求高，但因贫困山区品种混杂退化、贮藏条件落后，不当发芽、烂薯导致的损失达30%以上，种薯活力差，成为阻碍马铃薯高产的第一要素。在特定条件下，活力调控比品种本身更重要。种薯活力是发挥品种优良特性的前提条件，品种优质，但若无法按时萌芽，或已老化，都会减产甚至绝收。而前期不进行催芽处理会带来发芽不齐、出苗不齐、幼苗抗性低的问题，科技小院团队根据研究进展将

设置试验进行如下处理。将不同批次收获使用表油菜素内酯（EBR)、赤霉素（GA）和EBR、GA复配三个处理方式，清水空白处理，分别置于10 ～ 15℃常温（25℃）下观察其发芽情况，判定种薯活力。根据不同试验处理的效果，提前对不同批次的原原种进行处理，以达到播种是种薯活力佳，出苗整齐、苗健壮、抗性强的结果。

使用油菜素内酯（BR）拌种可提高植株种子活力、出苗整齐度，增强幼苗抗病性和抗逆性。众多研究表明，番茄幼苗喷施BR可以提高其耐冷性；在生育期喷施一定浓度的BR可以提高水稻、小麦和大豆的产量。赤霉素参与调控植物发育和各种生理过程，包括茎的伸长、根的生长、叶片伸展、种子萌发、花和果实的发育以及表皮毛发育等。在马铃薯中，GA常用来打破块茎的休眠，促进芽的生成。水杨酸（SA）可诱导植物产生抗病、抗盐、耐冷等多种生理性状。科技小院针对原原种活力不齐等问题，开展了使用BR、GA、SA外源喷施雾培马铃薯植株（图3.6），探究其对植株生长及结薯情况影响。

图 3.6　喷施外源植物激素

（二）马铃薯外源激素提高种薯抗性试验

低温胁迫是布拖马铃薯种植中，在苗期常见的自然灾害，因此探究在低温条件下马铃薯种植过程中施用表油菜素内酯（EBR）的最佳时期和浓度，以改善在低温条件下马铃薯种薯活力差、出苗后抗性低的问题，以提升马铃薯产量、块茎品质。同时配套适宜种植的马铃薯品种和栽培管理技术，建立在低温条件下提升马铃薯增产增效的新方法，为布拖贫困山区的马铃薯种植减损增效。

（三）种薯覆马铃薯裸地与覆膜栽培对比试验

地膜覆盖种植技术（图3.7）是一项旱作节水农业技术，覆盖地膜使土壤生态环境发生了较大变化，特别是土壤水分、地温增加，为马铃薯的生长发育创造了更好的条件。布拖县马铃薯丰产栽培技术面临着轮作倒茬年限不够的问题，造成土壤肥力下降，马铃薯产量低，品质差，为了解决这一难题，必须改变以往的种植方式。为此，科技小院团队选择裸地与覆膜栽培两种种植方式，探究其对马铃薯种薯产量的影响，为布拖县马铃薯主产区推广覆膜栽培提供理论与实践依据。

图 3.7 地膜覆盖种植

（四）原种生产全机械化示范

通过多次调研发现布拖县马铃薯散户种植存在种薯质量较差、劳动力不足、栽培管理粗放等问题。对此，2019年，科技小院通过土地流转整合了133hm^{2}的土地作为马铃薯全机械化原种生产基地，进行马铃薯全机械化生产示范。机械示范通过使用脱毒薯，但是种薯切块不注重消毒，经过科技小院培训掌握正确的切种消毒后，大大提高了种薯的利用效率。与此同时，在统计过程中发现大多数散户没有覆膜的习惯，且种植密度不足，也未进行晚疫病的防治。最终机械示范的产量比散户种植高出57%，起到了很好的示范作用。园区的机械示范最终结果如表3.3。

通过对流转土地的农户问卷调查，基地起到了很好的示范作用，土地流转的农户家中相较于小户生产每亩地增收600元以上，也节省了人力，散户对于机械化的接受程度也大大增加。

表 3.3　机械示范与农户种植对比

种植方式	种薯切块消毒	底肥	覆膜	种植密度 / 亩	晚疫病防治	最终产量 / 亩
机械示范	有	化肥	有	3500 株	有	2104kg
散户种植	无	农家肥	部分有	2400 株	无	1340kg

第四章

引领栽培技术集成创新 推进马铃薯优质生产

一、特色品种“布拖乌洋芋”高产优质栽培技术集成与创新

（一）布拖县特色马铃薯品种“布拖乌洋芋”

“布拖乌洋芋”是四川省凉山彝族自治州布拖县的特产。薯形小巧玲珑，一般直径在7～8cm左右，切开后离表皮0.4～0.5cm处有一圈紫色的圆环，中心的薯肉为白色。“布拖乌洋芋”具有皮薄、质嫩、淀粉含量高、营养丰富、口感好、耐贮存等其他马铃薯品种无法比拟的品质。

（二）“布拖乌洋芋”的种植方式

“布拖乌洋芋”对气候、土壤、肥料等有着特殊的要求。其种植最适宜的海拔为2600～2800米，且需要在土质肥沃、排水性良好、昼夜温差大，常年雾罩时间较长的特殊地域内种植。在种植期间不能过量使用化肥、农药等，只能用无公害的农家肥。以布拖县拉果乡阿尔马之村为例，村民在每年的3月10号开始播种“布拖乌洋芋”，在播种时将农家肥作为基肥全部施加，整个乌洋芋的生育期不再进行追肥工作，4月中下旬为开花期，收获期从每年的8月20号开始，最晚在9月中上旬收获完毕。2019年阿尔马之村的“布拖乌洋芋”亩产约为1500kg。与马铃薯上万斤的亩产量相比，“布拖乌洋芋”具有巨大的增产空间。

（三）“布拖乌洋芋”低产原因分析

通过入驻科技小院后的多次调研，科技小院团队对布拖县马铃薯产量低的问题进行了全面总结与分析，“布拖乌洋芋”产量低的主要原因有以下几点。

1. 种薯退化严重

“布拖乌洋芋”种植3年以上便会开始退化，退化会造成乌洋芋植株矮化、叶片卷缩、茎秆变细弱、薯块变小、薯块畸形等问题，且退化速率逐渐加快，从而导致“布拖乌洋芋”的产量急剧下降。

2. 晚疫病等病虫害发生情况严重

马铃薯晚疫病是我国普遍发生的寄生性真菌病害，在阴雨连绵、温度较高、湿度较大的条件下极易发生，具有暴发性、毁灭性的特点。布拖县每年从7月份开始进入雨季，高温高湿的环境，使马铃薯晚疫病成为制约布拖县马铃薯产业发展的重要病害。在全县范围内，常年晚疫病的危害面积占总种植面积的20% ～ 50%，直接产量损失达20% ～ 50%。马铃薯晚疫病病害严重时可导致叶片萎垂，卷缩，最终全株黑腐，全田一片枯焦，散发出腐败气味。每年7月份是布拖县马铃薯块茎膨大的黄金时期，茎叶死亡后无法给块茎输送养分，从而造成马铃薯减产严重。

3. 种植方式落后

布拖县经济水平低，对农业的投入资金不足，且缺乏先进的马铃薯种植技术，加之农户的科技水平素质不高，仍然采用传统的种植方式，诸如未起垄种植、株距过大、土壤肥力不足、未采用防治病虫害措施等问题都造成了“布拖乌洋芋”的亩产量不高。

4. 种薯活力低

布拖马铃薯在种植时大都已经发芽，且芽长超过10厘米，这种马铃薯种薯已经处于老龄状态，活力低下，种植这样的种薯在植株生长后期会出现早衰现象，导致块茎膨大期养分输送不足，从而降低马铃薯产量。“布拖乌洋芋”的贮藏期较长，超过了180天，从而导致在播种期仍未发芽，田间种植出现出苗不整齐、出苗弱等现象，同样造成马铃薯产量下降。

（四）“布拖乌洋芋”高产优质栽培方法探究

科技小院团队结合马铃薯高产优质栽培技术（图4.1），以及布拖独特的气候特征，探究并初步集成“布拖乌洋芋”高产优质栽培技术。

图 4.1　马铃薯栽培技术指导

1. 适宜播种时期选择

春马铃薯播种时期，当10cm地温稳定在7～8℃时即可播种，也可根据晚霜来临时间而定，一般在晚霜来临前30天是合适的播种期。一天内的播种时间：晴天最好安排在10时前和16时后，以避免高温下种薯呼吸作用过盛，造成黑心而腐烂；阴天则可整日播种。在确定播期前，既要考虑出苗破膜后不遭受晚霜的冻害，又要使结薯期避开高温的影响。与此同时，科技小院团队还设置了马铃薯播种时期试验，探究不同时期种植“布拖乌洋芋”对高产高效优质生产的影响，以及马铃薯播种期、收获期与布拖县民族文化融合特性的分析。

2.播种前催芽技术推广

催芽播种有延长生育期、提早出苗、提早结薯的作用。据试验，催芽比不催芽增产10%～29%，是一项经济有效的增产措施。在催芽过程中可发现感染病害的块茎，应及时淘汰感染病毒的纤细芽块茎和烂薯，保证全苗。实验室前期研究发现外源植物激素a和外源植物激素b复配对马铃薯有催芽、壮芽作用。因此以“布拖乌洋芋”为实验材料，设置A因素浓度为不同浓度的激素（a+b）复配，以进一步深入探究外源激素复配对种薯活力效果及其分子机制。

3.适宜的播种密度

确保适宜的种植密度，一是为马铃薯提供了充足的光照；二是有利于马铃薯通风；三是有利于马铃薯地下部块茎生长。一定范围内，马铃薯种植密度越大，产量越高。播种密度要根据马铃薯品种来确定，植株矮小的马铃薯可以尽量密植，避免光照和养分资源的浪费，植株高大的品种则需要合理密植，否则会造成生长空间和养分资源的不足而减产。“布拖乌洋芋”植株高大，因而种植密度要适中，否则会造成生长空间和养分资源的不足而减产，在人工收获时也会较为困难，对此科技小院团队在依托单位、农户家试验田引进示范双行大垄栽培模式。同时还将进一步探究不同播种密度对乌洋芋高产高效优质生产的相应机制。

4. 适度覆盖栽培

在马铃薯种植过程中，覆盖地膜及秸秆（图4.2）不仅可以有效减少土壤水分蒸发，起到抗旱的作用，也可以提高地面的温度并改善土壤环境，满足根系生长和薯芽萌发的温度要求，促进马铃薯生长发育。覆膜可以有效缓解土壤水、气、热之间的矛盾，加强土壤微生物活性，从而加速有机质的分解，并有效抑制杂草、减少病虫害的侵袭。布拖气温较低，尤其在4月下旬还会出现下雪的情况，对此，进行覆膜能够有效保护幼苗不受冻害。与此同时，科技小院团队将进一步对覆膜种植方式进行深入试验，以探究覆膜对"布拖乌洋芋"高产优质高效生产的影响，以及覆膜对生态环境的影响，最终达到马铃薯绿色高产高效优质栽培。

图 4.2 马铃薯覆膜种植

（五）开展"布拖乌洋芋"产业调研及种质资源鉴定

"布拖乌洋芋"是马铃薯的一类优良特异的变种，与其他马铃薯相比，"布拖乌洋芋"的蛋白质、粗脂肪、灰分含量无明显差异，但干物质和糖类含量更高，并富含花青甘素以及Se、Fe、Ca、P等矿物质。最主要的是乌洋芋的皮层和髓部均含有较多的花青素，皮层含量极甚；其淀粉质量情况亦优于其他种类的乌洋芋，具有很高的营养保健价值，也具有很高的经济价值。但由于苛刻的种植条件，真正适宜种植乌洋芋的区域仅局限于布拖县内几个乡镇，且产量较低，薯块较小。布拖县乌洋芋种植地区多位于山区，种植技术落后，产量较低，且种植户的商品意识较差，导致原本价格较高的乌洋芋在其他地区并不常见，严重影响乌洋芋的推广。

从团队入驻科技小院以来，在王西瑶老师的带领与指导下，科技小院团队对布拖县全县3镇27乡种植的“布拖乌洋芋”进行了分片区调研（图4.3）。记录各片区“布拖乌洋芋”的产业信息，收集不同片区“布拖乌洋芋”的种质资源，通过指纹图谱鉴定品种，再以布江蜀丰园区为基地进行田间种植，筛选获得集高产量优品质于一体的“布拖乌洋芋”品种，并开始进行脱毒原原种的生产。

图4.3 “布拖乌洋芋”调研与脱毒原原种繁育

二、科技小院助力布拖县马铃薯新品种引进与优化

（一）新品种引进与品种比较

为了创新种植结构调整模式，提高马铃薯种植效益。王西瑶老师收集与引进新品种，在科技小院开展了“云薯108”“川凉薯10号”“云薯

505”“云薯304”“云薯101”“米拉”“凉薯14”“达薯1号”“川凉薯4号”“川凉芋12号”“川凉芋13号”“希森6号”12个马铃薯新品种比较试验（图4.4），对现有马铃薯品种进行丰产性、稳产性、适应性、抗病性和品质鉴定（图4.5），旨在筛选适宜当地种植的优质品种，为马铃薯品种的推广和“科技小院+”模式创新提供科学依据，并通过推广新品种振兴布拖马铃薯产业。

图4.4 田间试验现状

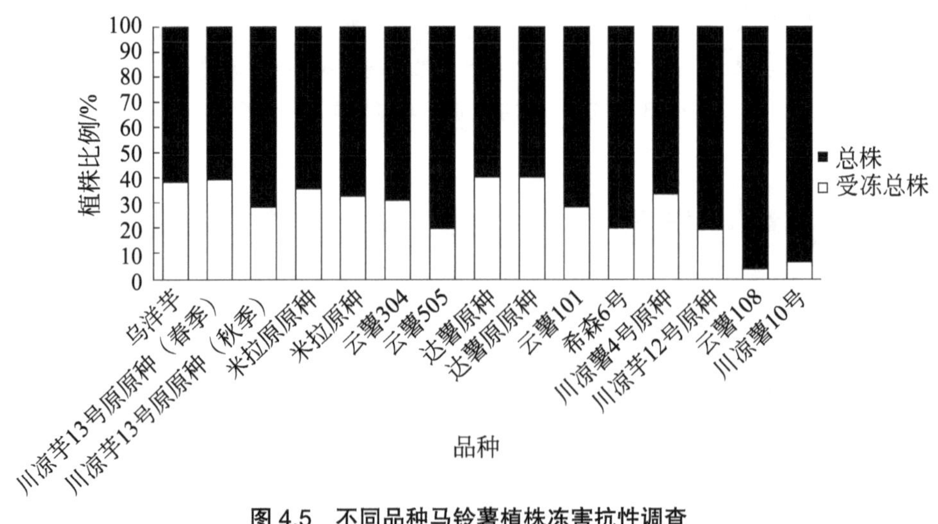

图4.5 不同品种马铃薯植株冻害抗性调查

（二）品质分析助力品种优化

结合品比试验中各品种的产量表现评价块茎营养品质和蒸食品质，并通过制定马铃薯蒸食品质评价指标，筛选营养品质好且蒸食品质优良的材料，为品质育种与布拖县下一步马铃薯品种推广，以及产业链延伸提供资源和育种材料。

将分类挑选的12个品种马铃薯进行编号，制定马铃薯蒸食感官性评价标准，科技小院邀请依托单位的工作人员和当地的彝族同胞担任评审员，组成感官性评价小组，评审员们对蒸熟的马铃薯感官和品质进行初步辨别，从马铃薯风味出发，品尝蒸熟的马铃薯块茎（图4.6），感官性评价的指标有7个，包括：颜色、香味、光泽度、黏性、沙面性、硬度和咀嚼性，每项10分总分70分。按照图4.7的标准进行评分（1分：强度最小或分值最低，10分：强度最大或分值最高）。评价员每品尝完一个薯块后用清水漱口以去除口中残留。先将每个指标单独评分，再计算总分，得到综合分值（图4.7）。

图4.6　品种评比现场

马铃薯蒸食食味评价表（1～10分，满分10分）							
品种序号	颜色	香味	光泽度	黏性	沙面性	硬度	咀嚼性
1							
2							
3							
4							
5							
6							
7							
8							
9							
10							
11							
12							

图4.7　品种评比打分表

在对12个马铃薯品种进行食味品质评价的过程中，评审小组都给予了8号品种很高的评价，8号为引进品种“云薯108”。前期，科技小院团队收集的数据表明，“云薯108”具有高抗晚疫病且高产的特性。本试验结果显示“云薯108”还具有口感好，适口性强的优势。接下来将继续探究其贮藏特性，以及贮藏期间各营养物质的变化，这也将会为“云薯108”在布拖的推广，及其贮藏、销售提供理论与实践基础。

三、科技小院开展马铃薯高产优质栽培技术引进与示范

马铃薯高产栽培技术引进与示范

前期调研发现布拖县大多数农户马铃薯种植方式较传统、粗放，总体为：未严格设置垄距、株距，按经验简单挖窝；整马铃薯播栽，或切块时未去除带病种薯以及刀具轮换使用致其携带病毒，导致种薯交替传染，且

后期不进行任何追肥及病虫害防治等措施。对此，科技小院团队在2020年进行了马铃薯高产高效优质栽培示范工作，辐射带动周边农户学习高产栽培的种植模式，并召开现场会直接展示高产结果，使其更具直观性。2020年疫情期间，尽力保春耕抗疫情，进行了如下高产高效栽培技术集成：

1.选择良茬，合理轮作

前茬以玉米、荞麦、绿肥为宜，忌连作，且不宜与茄科作物轮作，实行三年以上的轮作效果更好。选择园区现有适宜土地，上茬作物为中药材川续断，土地共9亩。为减轻前茬除草剂药害，在苗期酌情增施叶面肥。苗出齐后，每亩地叶面喷施薯平安70～140g和曙欢500g，叶面补充营养，喷施次数根据苗长势确定。

2.深耕整地

深耕是马铃薯增产的重要措施之一，深耕有利于蓄水保墒，增加耕层土壤，活化土层，给马铃薯根系生长发育和块茎膨大创造良好的环境条件。所以在种植前，须对土地进行翻耕，清除草根，耕碎土块，疏松土壤，平整地面，种植时按规格开沟。

布拖县春季种植（图4.8）时前期雨量低，有一段干旱时期，翻耕后可将一定深度的紧实土层变为疏松细碎的耕层，从而增加土壤孔隙度，以利于贮存雨水，促进土壤中潜在养分转化为有效养分并促使作物根系的伸展。同时因上季遭受过晚疫病等病虫害，提前翻耕，将杂草种子、地下根茎、病菌孢子、害虫卵块等埋入深土层，抑制其生长繁育。也可将上茬作物遗留在地表的作物残茬、杂草、肥料翻入土中，清洁耕层表面，从而提高整地和播种质量，调整养分的垂直分布。

图 4.8　春季马铃薯种植

3. 精选种薯，选用健薯

播种前不仅要选用经前期考察选择的良种，同样要严格选用具有本品种特征的种薯，应选择大小均匀、皮嫩色鲜、无病虫害、无伤口、无霉烂的种薯。本次栽培主要品种为“云薯108”“川凉薯10号”在可选择情况下适宜整薯播种，种薯质量单重60～100g，若薯量不够，再对100g以上的种薯进行切块。首先将切刀消毒（75%酒精或0.1%高锰酸钾），防止病害通过切刀传染。切块前堆晾1～2天，从薯块定芽直切或斜切2～3块，并且每个切块要求带2～3个芽眼。切出的薯块用3000倍恶霉灵加施保根溶液1000倍喷洒，或用2.5%的“适乐时”1000mL+35%的“锐胜”40mL，兑水1kg包衣，也可用配好的药粉拌种（根据情况拌种加入杀线虫的药剂）。药粉配制方法：用1.5kg根美，加100g 99%恶霉灵原粉均匀拌入50kg滑石粉，拌好的种薯均匀摊开，置于阴凉处，上面盖透气材料，待切口愈合后再播种。

4.大垄双行

凉山州马铃薯生产区，冬春寒冷干旱，夏秋多雨，地下水位偏高，土壤熟土层在15cm左右，气温低，易渍水，不利于土壤释放养分，不利于马铃薯幼苗的发育和薯块膨大。常规种植（平作）会导致结薯期推迟，大中薯比例下降，限制了单产的提高，同时在雨季更易感染晚疫病，所以提前播种和收获更符合当地实际情况。垄作还具有提高土温（0.5～1℃），增强土壤通透性的作用。采取高垄双行栽培技术：即宽行67cm、窄行33cm、窝距27～30cm，双行错窝种植。边沟主沟深40cm以上，垄沟25～30cm，沟沟相通，利于排水，以减轻田间湿度。同时适当深栽（深度10cm左右），有利于早发株、早结薯，结薯集中，薯块较大，产量较高。这样不仅可较平作增产10%～15%，还可使马铃薯晚疫病、青枯病发病率降低20%～30%。种植实行种薯分级播种，分为顶芽和侧芽分开播种，保持田间生长一致。适当密植，行距按1m开沟（两大垄沟心到沟心的距离），株距0.28～0.30m，种植密度约4000～4500塘/亩。

5.适时播种，增施肥料

所选地海拔高度约为2450m，属于高寒山区（海拔1800m以上）适宜3月上旬至4月上旬播种，但7月雨量增加，植株易感病，因此建议提前播种时间至2月中下旬。马铃薯主产区土层贫瘠，多年种植但施肥量少，土壤缺氮、磷、富含钾，应重施底肥，施肥原则应以有机肥为主，化肥为辅。高产肥力条件下应遵循稳氮补磷增施钾肥。一般每亩地施有机肥2500～3000kg、普钙25～30kg、硫酸钾10～15kg或草木灰100kg、尿素7.5～10kg，达到每亩施纯氮10～13.5kg、五氧化二磷7.5～8kg、氯化钾15～20kg。其中有机肥、磷钾肥作底肥，氮肥以提苗为主，苗齐至显蕾期看苗施肥，初花期要求封行。

6. 合理密植

栽培密度是构成产量高低的主要因素之一。适当密植能充分发挥马铃薯个体与群体的生产能力，使茎秆变粗，分枝增多，叶面积变大，植株生长健壮，促使单产增加。种薯：适当密植，按用种量400斤/亩（1斤＝500克）。原原种：适当密植，参考前期西昌农科所在凉山州试验的凉薯系列品种亩植4000～5000株。

7. 地膜覆盖技术

根据实际条件需求实行地膜覆盖技术可以起到高土壤温度，保持土壤墒情，减少杂草，提早成熟，增强抗旱防涝作用。覆地膜后膜上盖土，苗齐后移除薄膜。

8. 中耕培土

当马铃薯出齐苗，长到10cm左右时进行第一次深中耕，第一次追肥；在放枝叶期，大约40天后长到30cm左右时进行第二次深中耕，同时浅培土，第二次追肥，培土厚度约5～8cm；到孕蕾期进行第三次深中耕并高培土，增加覆盖度，防止薯块露出地表变绿，影响品质，结合中耕铲除田间杂草。期间也需根据苗情对每塘进行间苗处理，每塘保留2～3株健壮苗，提高大薯率。当长势过旺时需要进行适当控旺，可结合喷药时加入多效唑或烯效唑，浓度100～200mg/kg，1～2次为宜。

9. 适时收获

马铃薯应在植株生长停止，茎叶大部分枯黄时收获，此时块茎很容易与匍匐茎分离，薯皮变厚，干物质积累达最高限度，此时收获的马铃薯产量高并利于储藏，为最适收获期。达到收获状态的马铃薯要及时收获，防止田间烂薯。地上部茎叶尚未枯萎时，可采用压秧的方法。在收获前一周用磙子把植株压倒，造成轻微创伤，使茎叶营养迅速转入块茎，起到催熟增产的作用。另一种普遍采用的方法是割秧，在收获前2～3天采取机械杀秧的方法把地上植株割倒，清除田间残留枝叶，以免病菌传播，留茬10～20cm，有利于土壤水分蒸发，便于收获。收获时土壤湿度以块茎干净不带泥土最佳。

10.**病虫害防治**

在凉山州布拖县主要发生的马铃薯病害有晚疫病、青枯病、癌肿病和病毒病。最主要的防治方法是采用抗病品种，合理轮作，做好田间排水，降低土壤湿度，适时收获。可喷施25%瑞毒霉、95%白菌清、72%可露、60%甲霜铝铜防治晚疫病；青枯病株一经发现应及时整株带土拔除，用井冈霉素或高锰酸钾溶液浇施病株基部。虫害的防治重点是要防治蚜虫，蚜虫是传播病毒使马铃薯退化减产的主要媒介。在马铃薯出苗后，每隔15～20天喷一次40%乐果800～1000倍液或50%抗蚜威2000倍液，连续喷药3～4次即可控制蚜虫，防治种薯退化减产，确保马铃薯高产稳产。地下害虫可用辛硫磷100～150g，拌细土15～20kg撒土防治。

四、科技小院开展马铃薯高产优质栽培技术集成与创新

（一）苏呷村EBR喷施促进马铃薯高产优质试验

油菜素内酯（brassinolide，BR），又名芸苔素内酯，是天然植物激素，属于甾醇类生长调节物质。油菜素内酯广泛存在于植物的花粉、种子、茎和叶等器官中，可以促进植物营养生长、生殖生长、细胞分裂、果实膨大等，还可以提高酶活性和种子活力，促进植株早期发育等，已被列为国际公认的第六类植物激素。表油菜素内酯（epibrassinolide，EBR）是人工合成的高活性油菜素内酯类似物，属于新型广谱植物生长调节剂，具有调控

植物生长和增强抗逆性的功能，合成成本低于BR提取成本。在马铃薯块茎形成期喷施EBR能够显著提高植株生育后期叶片SOD活性、株高、叶片叶绿素相对含量，提高马铃薯光合能力，从而提高马铃薯植株单株产量和亩产。

为了增大推广可行性，同时让农户更直观清楚地看到增产试验效果，2020年科技小院团队于布拖县特木里镇苏呷村选取了三户农家的马铃薯种植地块进行EBR叶面喷施示范推广试验。本试验示范选取预实验中效果最明显的浓度为0.05mg/L的EBR水溶液进行喷施处理，清水作为空白对照。处理完成后每间隔一个月进行样地的基本形态指标测定，并于最终收获时测定产量，探究EBR叶面喷施对布拖当地马铃薯品种产量、品质的影响。

（二）BR和GA3复配浸种对马铃薯产量与品质影响试验

为研究播种前不同时间使用不同激素处理催芽对马铃薯产量和品质的影响。以马铃薯品种“米拉”为材料，在播种当天和播前10天，采用浓度为50nmol/L的油菜素内酯（BR）、60μmol/L的赤霉素（GA3）单独和复配浸泡催芽（图4.9），检测不同处理农艺性状、产量和品质之间的差异。试验结果显示，播前10天BR处理和播种当天BR处理能够增加“米拉”的株高、茎粗、主茎数、产量以及商品薯率，且茎粗、产量、商品薯率存在显著相关性，播前10天BR+ GA3处理和播种当天BR+GA3处理增加了块茎中淀粉含量，降低了可溶性糖含量，增加可溶性蛋白质含量，并维持还原糖含量

图 4.9　种薯浸种处理

处于合适的水平。试验结果表明，播前10天采用BR浸种能有效促进马铃薯地上部生长，增加了产量及商品薯率；播种当天采用BR和GA3复配浸种能有效提高块茎加工品质及营养品质。

（三）马铃薯轮套作模式集成与创新

布拖县马铃薯常年种植面积达20万亩以上，占全县粮食作物种植面积的40%以上，且为当地的世代主粮与经济来源。随着国家脱贫攻坚的大力推进，高山蔬菜种植成为部分高海拔地区重要的发展产业。但由于高海拔山区特有的地理气候环境，导致目前生产技术落后，严重制约马铃薯与高产蔬菜的产量与品质，影响农民收入。与此同时，氮肥是全球作物产量增加的最大功臣，但我国目前氮肥投入高，利用率较低。化肥高投入低效率的生产模式不仅造成不可再生资源的浪费，增加生产成本。同时施入田块中未被作物利用的氮素经挥发、淋溶等方式流失，造成严重的生态环境破坏，同时也会影响土壤微生物组成结构，降低土壤生产力。氮肥的不合理利用已成为影响世界农业和环境持续发展的突出问题。高海拔地区生态环境脆弱，探索合理的轮作模式及氮肥运筹方式，对保护高海拔地区脆弱的生态与土壤环境具有重要意义。合理的轮作模式具有改善土壤肥力、均衡土壤养分以及改善土壤理化性质及微生物菌落的作用，从而可以提高生态效益与经济效益。但不当的轮作管理模式会对作物及土壤造成加倍的危害。

针对此问题，科技小院团队已经在前茬为马铃薯的田块开展了高山蔬菜-马铃薯轮作模式以及配套栽培技术研究。目前已引进10余种蔬菜、中药材以及其他经济作物（图4.10）。并进行高山蔬菜-马铃薯轮作模式下配套绿色、高产、优质的氮肥运筹模式及栽培技术体系构建。深入研究在高海拔地区蔬菜-马铃薯轮作模式条件下，优化和调控氮肥管理模式，提高高山蔬菜、马铃薯产量与品质。对建立在高海拔地区以高山蔬菜为前茬作物的马铃薯高产高效绿色可持续轮作体系具有重要意义。

图 4.10　马铃薯轮作模式体系构建与秋冬蔬菜引进

第五章

聚焦贮藏科技支撑 推进马铃薯产业升级

一、科技小院助力园区马铃薯贮藏工作

（一）马铃薯贮藏技术引进与示范

马铃薯贮藏是马铃薯产业体系中至为重要的环节之一。马铃薯在田间收获后，需要经历一个较长的贮藏期，对马铃薯贮藏期长短的调控，可调整种薯的生理特性、提高种薯的播种质量以及调节商品薯的上市时间和加工时间，实现马铃薯的持续供应和增值。马铃薯在贮藏期仍进行着一系列复杂的生理代谢活动，一般可分为三个生理阶段：生理后熟期、休眠期和萌芽期。在生理后熟期，薯块表皮尚未充分木栓化，块茎呼吸旺盛，造成大量水分蒸发以及热量散失，引起薯块质量显著减少、薯块腐烂等现象。经15～30d的后熟作用后，表皮充分木栓化，块茎生理代谢逐渐减弱，开始进入休眠。休眠期是植物经过长期演化而获得的一种对环境条件及季节性变化的生物学适应性，随薯块质量的增加而缩短。这一时期马铃薯块茎生理代谢微弱，但仍维持着生命活动。进入萌芽期后，马铃薯休眠解除，呼吸作用又变得旺盛，热量积聚造成薯堆内热量快速增加，发生“出汗”现象，此时极易被病原菌侵染，块茎幼芽开始萌动生长，各种生理代谢活动加强，进入一个相对活跃的新阶段。

对种薯而言，提前发芽或者休眠期过长会影响田间出苗的早晚、整齐度以及产量，种薯的价值与适时的播种期相适应，提前对其催芽可使芽健壮、整齐，提高产量。对商品薯而言，马铃薯发芽是导致其品质下降的一个重要因素，影响其食用性，引发质量下降、营养价值降低、软化、霉变、有毒物质龙葵素增加等问题，发芽引起的损耗占总产量的20%～25%。因此，对采后马铃薯块茎萌芽进行人为调控，延长休眠期，防止提前发芽，合理科学地进行马铃薯贮藏管理尤为重要。

经过科技小院的学生走访调研拖觉、各则村、苏呷村、拉果乡四个乡镇（村），发现布拖县马铃薯贮藏存在马铃薯贮藏方式简单、马铃薯贮藏条件差、技术落后、马铃薯贮藏能力不足、马铃薯贮藏损耗严重等问题，并开展了马铃薯抑芽剂（CIPC）抑芽技术的引进与示范推广，试验结果表明贮藏五个月后处理组马铃薯发芽率约为80%，平均芽长仅为0.5cm，而未处理组发芽率100%，芽长平均4cm。CIPC残留检测结果为0（图5.1）。其经济效益按每个农户家平均每年收获7000斤，收购价格为1.5元/斤，每年贮藏损失在30%左右，若按照降低贮藏损失15%计算，2.5% CIPC粉剂价格为0.05元/g，用药量为1g/kg；按试验所需最大浓度1mg/kg，每户可增收1400元/年。

报告编号：No.F202007001

检 验 报 告

检验结果汇总							
序号	检验项目	单位	技术指标	检验结果	检出限	单项判定	检验方法
1	氯苯胺灵	mg/kg	/	未检出	0.0125	/	GB 23200.8-2016

图5.1 CIPC喷施残留量检验

（二）制定布江蜀丰园区马铃薯贮藏技术管理规范规程

根据布江蜀丰园区马铃薯贮藏实际情况，综合考虑品种、用途、贮藏成本等因素为园区制定了布江蜀丰马铃薯贮藏技术管理规范。

1.环境消毒

马铃薯入库前，应将库门、库内、过道打扫干净，再使用药剂消毒杀菌。可使用40%甲醛50倍液或75%百菌清500倍液喷洒消毒，也可用高锰酸钾和甲醛（使用10g高锰酸钾和40%甲醛20mL，将高锰酸钾置于容器内，再注入甲醛溶液，混合后即产生烟雾）或百菌清烟雾剂熏蒸消毒。熏蒸后库内密封48h，然后打开通风口通风换气，同时注意防鼠、防虫，待贮藏库内空气安全后，可入库贮藏马铃薯。

2. 入库前处理

刚收获的块茎尚处于后熟阶段，呼吸十分旺盛，分解出大量的二氧化碳、水分和热量，不能立即入库。刚收获的马铃薯种薯要选择晴好天气在田间晾晒3 ～ 5天，然后进行预贮。

应放在15 ～ 20℃、氧气充足、有散射光或黑暗条件下，经5 ～ 7天，块茎保护部位形成木栓保护层，以阻止氧气进入和病菌侵入。切勿堆放在烈日下曝晒，以免薯皮变绿、茄素增加，影响品质。

3. 挑选和分类

食用薯、商品薯、种薯、加工薯等几种用途的块茎，或几个不同品种的马铃薯，都贮藏在同一个库内，这不仅造成品种的混杂和病害的传播影响种性，同时对食用薯品质和加工薯价值的保持也不利，因而直接影响经济效益。在贮藏过程中只有满足不同用途块茎对贮藏条件的不同要求，才能达到贮藏的预期目的。因此要分库贮藏，分品种、分级别、分用途单库贮藏保鲜，便于按用途进行相应的管理。

入库前，应对薯块进行认真的晾干和整理，做到薯皮干燥，无病块、无腐烂、无伤口、无破皮、无冻块及无泥土杂物。

4. 入库后堆放

（1）堆藏

堆放的高度不宜超过库房高度的三分之二并且堆放的绝对高度在2m

以内为宜。袋装堆码码放成“井”字垛，沿库内通风流向每隔2～3m留出一条30～40cm的通风道。库内每平方米贮藏量在600～650kg为宜。

（2）架藏

架藏有贮存架，架子层距在40cm左右。架子宽度为110～120cm，将袋装马铃薯逐个放在架子上，在库房内入满半库后开始降温。在田间装袋然后直接入库降温，这种方式在雨水小的年份没有大问题，但是雨水大的年份入贮的马铃薯易出现晚疫病和烂薯现象。

5.各用途马铃薯温湿度管理

（1）种薯管理

从种薯入库至11月末，正处于准备休眠状态，呼吸旺盛、释放热量较多，所以这一阶段的管理工作应以通风换气、降温散热为主。具体做法是在确保种薯不受冻害的前提下，打开库房所有自门窗和通风孔通风降温，温度控制在3～4℃为宜。种薯贮藏的第二阶段（12～2月），正值寒冬季节，应以保温防冻为主，库温控制在2～3℃。种薯贮藏第三阶段（2月以后），气温逐渐转暖，温度回升较快，此阶段前期库温应控制在2～4℃，后期如果种薯未萌动（特别是3月下旬）要逐渐接近室外气温，以利于种薯幼芽萌动，以备播种。

种薯库相对空气湿度的管理：整个种薯贮藏期库房空气相对湿度应控制在85%左右，种薯入库前期若湿度较大，应采用石灰吸湿法或加强通风以降低种薯湿度。

种薯贮藏期间的通风状况直接影响种薯的质量，贮藏期间如果通风不良会在种薯库内积聚大量CO_2，不但妨碍种薯的正常呼吸和种薯播种后的出苗率及植株的正常发育；而且还会由呼吸作用和物质代谢紊乱引起的各种生理性病害，如黑腔病等，降低种用价值。

适当的光照和紫外线照射半地下式种薯贮藏库要利用库房地面部分加设窗户，地下式种薯贮藏库要安装适量的紫外线灯，利用散射光和紫外线灯能够使种薯产生杀菌和抵御各种病原菌入侵的物质如龙葵素等，而且散射光还有一定的抑芽、提温作用。

（2）商品薯

贮藏期间的温度应控制在3～5℃，要求温度恒定，不得有大的波动。湿度和通风管理与种薯的贮藏管理基本相同但需要绝对避光。

抑芽可使用马铃薯抑芽剂，选用马铃薯抑芽剂粉剂撒在休眠期的马铃薯上。

（3）加工型马铃薯

① 薯片、薯条专用型马铃薯的贮藏：一是保证木栓层充分形成，以减少破皮，但不得曝晒，避免变绿;二是要充分预冷，温度在7～10℃，温度过高发生内部损害（组织变黑，由高温和CO_2中毒引起），过低则导致还原糖超标；三是要采用吸潮措施（加吸潮垫），防止腐烂。最适宜的设施是机械制冷恒温冷库，自然通风贮藏库可做翌年2月前加工原料的贮存。

② 淀粉加工型马铃薯的贮藏：贮藏温度要控制在7～8℃，这样可以延长贮藏时间。最适宜的设施是机械制冷恒温冷库，其次是自然通风贮藏库。

6.入库后的管理措施

（1）灭菌消毒马铃薯入库后，每30～35d消毒1次。每$100m^3$用高锰酸钾450g对650g甲醛溶液进行熏蒸消毒，防止块茎腐烂和霉菌害的蔓延。

（2）通风不良将影响库房内的温度和湿度，导致库内积累大量CO_2，最终影响马铃薯正常呼吸。所以应定期打开地库盖，降低库内CO_2的浓度。

（3）控制人员出入库房内，应尽量减少光线进入及人员的出入次数，以避免薯皮变绿、茄素增加、食味变麻，降低品质。另外，库内、外有温度差，频繁出入会造成库内温度波动，导致马铃薯变质，影响品质。

二、科技小院开展马铃薯科学贮藏技术集成与创新

（一）不同愈伤时间对低温贮藏期间马铃薯块茎采后品质的影响

马铃薯块茎在采收时和采收后处理时极易受到机械损伤，表面形成的伤口不仅会加速块茎内部的水分蒸腾，而且为致腐真菌和细菌的侵染开辟了通道，导致腐烂加剧，品质劣变。但马铃薯块茎表面的伤口在适宜的条件下具有自我愈合的能力，可在损伤部位形成具有保护作用的愈伤组织，在防止水分蒸腾、抵抗外力破坏和病原物侵染方面发挥了积极的作用。科技小院学生以在布拖表现优良的品种，如川“凉薯10号”“云薯108”为试材，研究不同愈伤时间对马铃薯块茎采后病害和品质的影响，以期为马铃薯采后病害和品质的控制提供新的措施。利用刚收获的“川凉薯10号”“云薯108”，取外观整齐，大小一致，无病虫害，无损伤的马铃薯块茎，常温下分别愈伤0d、7d、14d，然后置于4℃条件下进行贮藏，空气湿度保持在85%。测定指标包括发芽率、质量损耗、失重率、干物质含量、发病率、可溶性糖、淀粉含量、蛋白质含量。通过此试验将会明确马铃薯愈伤化最佳时间，为布拖县科学贮藏提供了理论依据。

（二）品种贮藏试验

在布拖马铃薯生产中，耐贮藏性一直是一个难题，马铃薯耐贮藏性关系到农户能否增产增收，选择耐贮藏性的优质高产品种已经成为马铃薯种植户的最大愿望。基于此，科技小院学生对“云薯108”“云薯505”“云薯304”“云薯101”“川凉薯10号”“达薯1号”“川凉薯4号”“川凉芋12号”“川凉芋13号”“希森6号”“布拖乌洋芋”等11个品种处理，以当地优良品种“米拉”作为对照，在布江蜀丰4℃贮藏库和常温下两个贮藏地

点，用网状编织袋装后自然堆放，进行耐贮藏性试验。最后结合前期栽培试验，筛选出产量高、耐贮藏的品种，为将来推广工作奠定基础。

三、马铃薯科学贮藏技术示范

科技小院团队师生们前期走访调研时发现彝族同胞家里的马铃薯发芽情况十分严重，但因当地农户安全意识差及生活条件受限，当地农户还是会继续食用发芽的马铃薯。但马铃薯发芽部位含有大量龙葵素，龙葵素是一种有毒的糖苷生物碱，食用过量会对身体造成危害，甚至有致癌风险。此前四川农业大学马铃薯研究与开发中心已有成熟的调控马铃薯休眠萌芽的试剂与方法，由此科技小院的学生便在农户家进行了关于马铃薯的贮藏试验示范。

团队在进行贮藏条件调研时发现，大部分的农户家里都有专门用于贮藏马铃薯的空间，但是由于大多为土房，地面较潮湿，且屋内空气不流通，温度较高，越冬温度会降至零下5℃左右，各种条件并不适宜马铃薯贮藏。布拖当地于8月初开始收获马铃薯，次年2月进行播种。在此基础上提前对农户家贮藏环境进行了清理并提供了多菌灵等药剂进行消毒处理，在农户收获马铃薯后选取了大小一致、薯形均匀的100kg新收获马铃薯品种青薯9号进行了贮藏试验示范。试验处理是于收获后先行进行20天左右的预贮，然后使用浓度为6mg/L氯苯胺灵和凹凸棒粉混合并分层均匀撒在薯块上处理。

目前已见明显成效，控芽效果非常显著。试验开始时间为2019年11月9号，2020年4月下旬检查实验样品，试验处理的马铃薯大部分都未发芽，仅有少部分发芽马铃薯，但芽长也未超过2cm；对照未经处理马铃薯芽长已达10cm，更长的甚至达到了40cm。目前控芽处理第一次脱离实验室直接在农户家做出成效，后续将继续检测处理中龙葵素含量和控芽剂的残留量，将以安全有效便捷为前提，不断完善提升试验效果（图5.2），同时，通过在部分农户家做出试验成果，对周边农户进行培训（图5.3），使当地农户更容易接受该项技术。

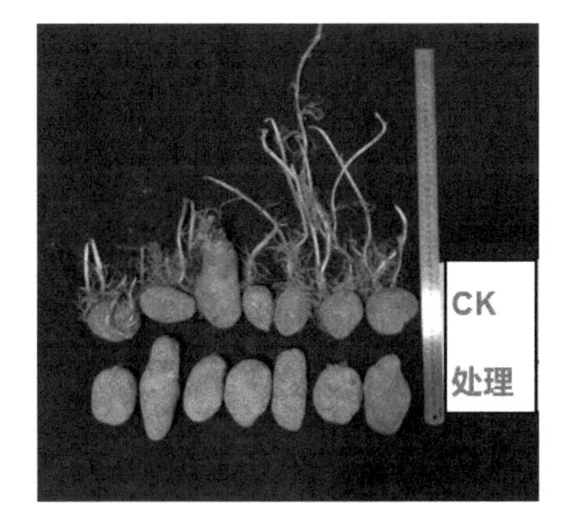

图 5.2　马铃薯贮藏试验效果

图 5.3　马铃薯贮藏技术培训

第六章

助力专业农技人才培养
守护马铃薯产业持续发展

一、专业农技人才培养模式

（一）专业农技员培训与培养

基层农业技术人员，一般是指根据农业生产为基础需求，将现代农业科学技术、知识与实践相结合，从而为广大农民提供各种技术指导与服务的技术推广员。基层农业技术人员是基层农业技术推广以及农业产业发展的中坚力量。布拖县基层农技人员除地方农业部门专业技术人员外，各个村比较有经验的种植人员也担任了农技员的任务，他们能够更好地接受新的种植观念，且在当地有一定的威望。因此，以种植带头人、种植大户和种植能人为基础，召开新型栽培技术与管理新理念培训会以及示范观摩会，能够起到最大的推广作用。对此，科技小院创新建立“科技小院＋地方政府”模式，由政府组织召开大型培训与观摩会，对于各村农技员进行统一的培训工作；科技小院负责准备理论培训，以及技术示范展示内容。

（二）本土彝族技术工人培养

布拖县作为全县总人口的97.4%以上为彝族的民族聚居县，但目前马铃薯产业发展还主要依赖对口人才与技术帮扶的方式进行。但布拖马铃薯产业的长期发展，不能过度依赖外部帮扶，还是要依靠本地彝族人才的培养。科技小院创新建立的“科技小院＋公司”模式，通过依托单位布江蜀丰现代农业科技有限公司，在运作过程中，也不断加大当地彝族员工的比例，特别是周边农村建档立卡贫困户，提升他们的工作能力。科技小院通过对在布江蜀丰农业园区进行生产的农户进行马铃薯生产技术的引导与培训，使其都能很快掌握马铃薯生产的技术要点，加快生产观念转变。同时，科技小院创新建立的“科技小院＋公司”模式，也推进全国乃至全球马铃薯产业龙头企业以及前沿科技与依托单位建立合作关系，从而使布拖彝族同胞对前沿技术有更多的接触与了解，提升其自身技术能力。

（三）农户人才培养

农户是生产的主体，农户种植技术与生产观念的提升，是马铃薯产业长远发展的保障，因此，对农户新技术与新理念的培养尤为重要。科技小院以在部分村社建立示范点试验的形式，以直观的方式加快农户接受新的技术及生产观念，并通过建立示范点试验的方式详细直观地展示新种植技术及生产理念，加快农户对新技术的接收与应用。与此同时，科技小院在部分村社建立示范点试验，对农户的影响不仅局限于生产积极性方面，在科技小院研究生的影响下，他们的思维方式也在逐渐改变，也更愿意积极主动地参加相关的培训。

二、研究生人才培养

（一）“三农”服务情怀培养

入住科技小院研究生，通过在基层接触实际生产问题，与农民一起劳动学习，对“三农”的现状和问题都有了很深入的了解，增强了其对于农业的责任感。在接触园区和农户工作时，解决他们提出的技术问题，能力得到了认可，有效提高了学生工作的积极性，增强了自信心，也更愿意毕业后继续从事农业相关工作。

（二）开阔眼界与思维

科技小院作为全国性的平台，研究生在科技小院工作期间，多次参加各种科技小院相关会议，认识很多不同行业以及不同学校的人，互相交流的同时也能够学到很多，然后继续应用到生活与学习中。与国际高校达成合作协议（图6.1），科技小院团队教师及学生有机会前往英国诺丁汉大学、美国堪萨斯州立大学进行联合培养，提升专业知识技能，开阔国际眼界，将国外先进的经验与到布拖精准扶贫工作相结合。

图 6.1　四川农业大学布拖马铃薯科技小院团队与诺丁汉大学签订合作协议（附彩图）

（三）综合素质培养

入住科技小院的研究生通过基层实践工作，学到了很多实践知识，同时，培养了自己独立思考和解决问题的能力。科技小院更是入住研究生理论知识的试验地，结合一线生产问题，从而确定研究课题，加强研究的实用性，同时也能够加快科研成果的转化，提高自身科研能力与技术知识储备。

与此同时，科技小院学生每天要撰写工作日志，将每天的工作进行总结汇报，同时还要参与园区内的其他项目申报、工作总结等，锻炼了写作的能力。与基层农民交流，参观解说，参与科技小院宣传工作，学习视频剪辑等软件，提高了语言表达和演讲能力。最重要的是，通过科技小院的工作，学生相当于提前进入社会进行“实习”，能够提前适应社会生活环境，从而全方位提升自身素质，有利于确定未来的工作方向。

（四）布拖马铃薯科技小院周边产品开发

将马铃薯花压成干花然后制成纪念品（图6.2、图6.3），马铃薯的花色花形各异，压成干花不仅能将这份美丽留住还能开发更多的衍生物品。

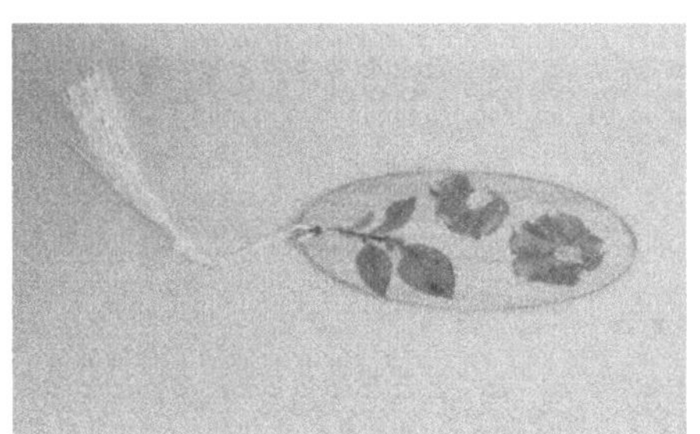

图 6.2　马铃薯干花周边产品开发（附彩图）

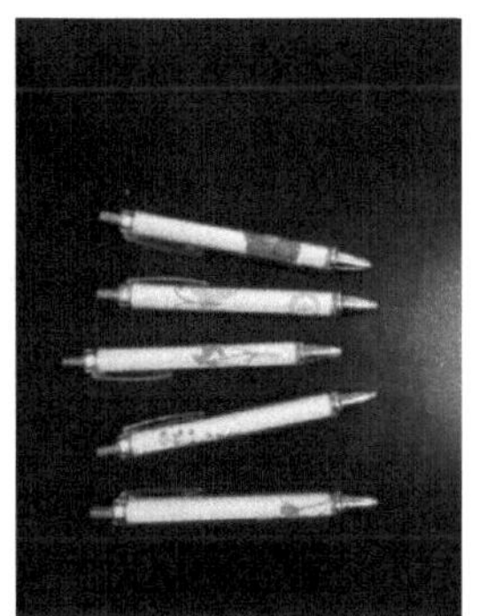

图 6.3　马铃薯干花产品开发（附彩图）

三、布拖马铃薯科技小院人才培养成果

（1）以科技小院为支撑，科技小院所在的布拖县特木里镇荣获“全国科技助力精准扶贫十佳示范点”的嘉奖。联合暑期社会实践团队“薯遇布拖”在四川农业大学2019年学生暑期“三下乡”社会实践活动中获得“优秀团队”；“寻梦者”支教团队视频获得“优秀微视频奖项”“优秀摄影图片”；所在布拖县特木里镇中心校被评为“优秀社会实践基地”；布拖马铃薯科技小院荣获2020年中国农技协十佳科技小院。

（2）科技小院团队“马铃薯产业助力凉山州乡村振兴”荣获“第二届全国农科学子创新创业大赛”西南片区“中国农业2025”乡村振兴创业赛道三等奖（图6.4）。

图6.4 颁奖典礼

（3）“千盛惠禾——小小紫土豆，扶贫大能手”项目荣获2019全国农科学子创新创业大赛“中国农业2025”乡村振兴赛道一等奖、第五届中国“互联网+”大学生创新创业大赛全国总决赛银奖（图6.5）。

图 6.5 大学生创新创业大赛

（4）科技小院团队“四川及周边特困山区马铃薯产业关键技术创新与推广”获2018～2019年度农业部神农中华农业科技奖二等奖。

（5）2020年9月团队发表在《中国马铃薯》杂志2019年第4期上的论文“加热熏蒸CIPC对马铃薯萌芽及品质的影响”在“2020年度马铃薯优秀论文”评选活动中被评为“优秀论文三等奖”。

四、科技小院师生获奖情况

1. 科技小院指导团队老师获奖

（1）科技小院老师指导团队王西瑶、李立芹、郑顺林、余丽萍所在的“国家现代农业技术体系四川薯类创新团队”获得“全国科技助力精准扶贫2019年度先进团队”奖。

（2）四川农业大学王西瑶教授获得“2019年全国科技助力精准扶贫的先进个人”奖，2020年四川省科技特派员先进个人奖，2018年凉山州“三区”科技人员优秀个人奖；全国科技助力精准扶贫工程领导小组办公室发布《关于对全国科技助力精准扶贫2019年度工作有关单位和个人予以表扬的通知》，对在全国科技助力精准扶贫2019年度工作中成绩突出的单位和个人予以表扬，布拖马铃薯科技小院首席专家王西瑶教授名列其中。

（3）凉山州西昌农业科学研究所徐成勇研究员，获得“四川省科技特派员先进个人”荣誉称号。

2. 科技小院入住学生获奖

（1）团队研究生：杨勇、蔡诚诚、冉爽、邓孟胜、张杰、王宇、唐梦雪、廖倩、朱嘉心、徐驰荣获中国农村专业技术协会科技小院联盟“科技小院排头兵”的嘉奖，研究生杨勇在入住布拖马铃薯科技小院期间，工作成效显著，荣获一等奖。

（2）团队研究生：徐驰、朱嘉心、廖倩在中国农村专业技术协会科技小院联盟2020年工作日志评比中，荣获优秀工作日志奖。

（3）团队研究生徐驰荣获中国农村专业技术协会科技小院联盟2020年度优秀研究生。

（4）团队研究生徐驰荣获四川省硕士研究生二等奖学金。

五、科技小院受到各界新闻关注与报道

四川布拖马铃薯科技小院至成立之日起就备受各方关注，包括新华社、中国光明网、人民日报、光明日报、中国青年报、中国文明网、工人日报、中国妇女报等多家媒体来访布拖马铃薯科技小院。通过新闻报道展示马铃薯科技小院的工作成效及科技小院同学们的学习与生活情况。现已有光明网、中国旅游报、中国科普网、中国科技网、中国旅游新闻网，科技日报、中国高校之窗、中国网、经济日报、中国农村专业协会、中国科学技术协会、四川观察、四川新闻网、四川在线、四川日报、四川之声、

绵阳新闻网、干部培训网、凉山发布、布拖发布、凉山广播电视台官网、四川农业大学校网等多个官网平台，对四川布拖马铃薯科技小院团队事迹进行报道（图6.6）。

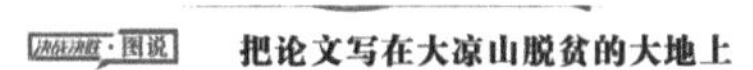

全国唯一高海拔民族地区科技小院来了大学生

2020-08-29 15:25来源： 科技日报

【全国唯一高海拔民族地区科技小院来了大学生】在海拔2400米的四川凉山州布拖县布江蜀丰现代农业科技示范园内，5名来自四川农业大学的学生，正在田间开展科研。示范园内的布托马铃薯科技小院，是全国唯一的高海拔民族地区科技小院。在指导老师带领下，四川农业大学农学院农艺与种业专业研二学生朱嘉心从去年8月便进入这里学习。她说，马铃薯是当地的主要粮食作物，自己主要从事新品种、新技术、新模式下马铃薯的贮藏研究。布拖马铃薯科技小院是由中国农村专业技术协会主导，依托当地农业科技企业，及四川农业大学、四川省农业专业技术协会等共建的，旨在全面推进当地马铃薯产业发展。小院以研究生与科技人员长期入驻的方式，可将科技创新成果应用到特困山区产业扶贫中，及时发现并解决生产问题，实现为贫困户服务零距离、零门槛、零时差的目标。目前小院涵盖了马铃薯的繁育与生产、科技研发与创新等领域，形成了推动马铃薯产业可持续发展的科研院所家企业家科技小院家贫困户的新模式。行走脱贫攻坚52县打赢脱贫收官战（科技日报记者 王延斌 盛利 林莉君）

四川农业大学："科技小院"点亮科技之光

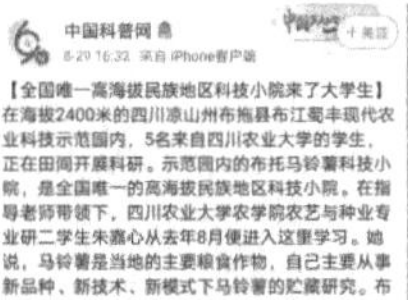

经济日报
8-29 17:30 来自 微博 weibo.com

#行走脱贫攻坚52县#【这个园区，高原农产品一年四季不断档】四川凉山州布拖县布江蜀丰现代农业科技示范园一期占地160亩，总投资7000多万元，是一个以马铃薯种薯繁育和推广为核心，及农业观光、科技推广、电子商务于一体的现代农业科技示范基地。布拖乌洋芋、油桃、蓝莓……越来越多的高原农业新品种试验示范和技术推广在这里开展。（记者 刘畅）经济日报的微博视频

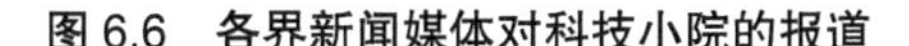

图6.6 各界新闻媒体对科技小院的报道

第七章 巩固脱贫攻坚成果 助力乡村振兴

一、科技小院助力帮扶体系优化，提升帮扶效率

（一）优化帮扶体系的功能

以科技小院平台为纽带，建立起帮扶干部之间、帮扶干部与本地干部之间的相互联系，建立学习、经验分享以及协同创新的渠道和机制。具体来说，帮扶体系的功能优化包含如下内容：

1. 深化科技成果推广功能

以布拖马铃薯科技小院为平台，四川农业大学专家团队技术成果为依托，在中国农村专业技术协会、四川省农村专业技术协会、布江蜀丰现代农业产业园区等单位的支持下，针对布拖彝族农民的素质和需求，以村集体组织和合作社为纽带，通过帮扶种植大户和合作社，并通过图解式培训、现场示范等多种形式，提高农民科技素质和技术到位率，解决农业技术推广的“最后一公里”问题。实现做好一个小院、带动一个产业、辐射彝区一大片。

2. 拓展教育实践功能

联合当地政府主管部门、村两委会、农民合作社、本地中小学校、四川农业大学及其他科研院所等多方资源，建立与完善农业高新技术示范平台、大中小学生志愿服务与社会实践基地平台建设。发挥高校人才智力优势，联动大中专院校学生假期教育及专业技术等社会服务，以及本土中小学生与彝族农民实践锻炼。

3. 做实产业帮扶功能

利用帮扶单位的优势和特长，大力扶持和培育一批示范性农民专业合

作社、家庭农场等新型农业经营主体。助力经营主体宣传、组织工作，帮助他们协调流转土地、发展生产、培训技术、联结市场、销售产品、拓展融资渠道，引进有实力、有情怀的龙头企业帮扶马铃薯产业发展，推进马铃薯产业转型升级。通过构建帮扶干部协作网络，从技术、管理、合作社发展等方面，充分利用现有帮扶干部的智力和网络资源，形成马铃薯产业化和农村组织创新合力，与四川农大、诺丁汉大学、四川喜玛高科农业生物工程有限公司等外部平台对接，强化其技术引进、招商引资、乡村干部培训等功能，为外地帮扶干部逐步退出打好基础，创造条件。

以科技小院为基础进行研究生培养，结合专家团队、扶贫干部、企业、政府以及科研院所进行各项技术推广工作，培养本土人才，通过解决当地马铃薯产业存在的问题，最终实现农户脱贫增收，如图 7.1 所示。

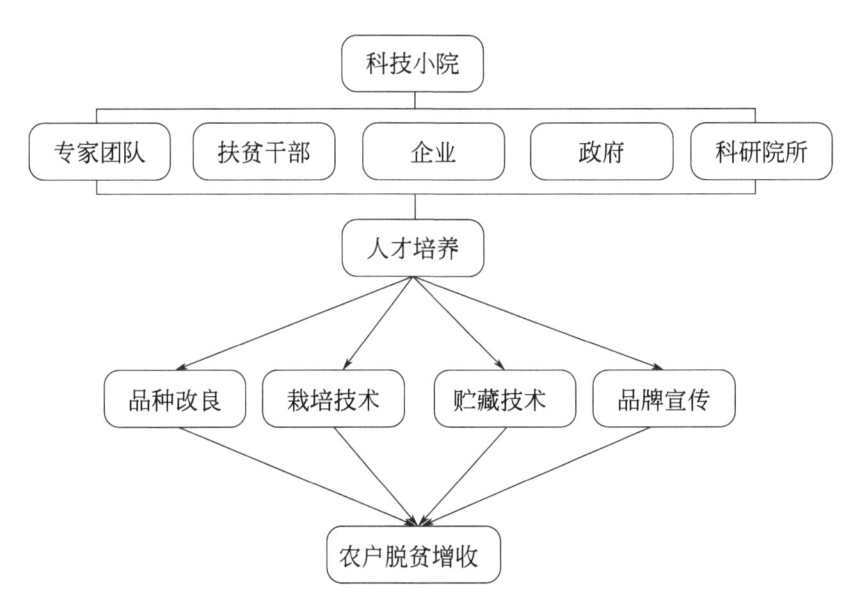

图 7.1 科技小院助力脱贫攻坚模式

（二）建立新型联动模式，全面实现脱贫增收

科技小院建立了科技成果核心示范+推广应用+辐射带动的联动模

式，建立马铃薯高产优质栽培标准样板，并逐步形成布拖县马铃薯产业发展新样板。同时，辐射至昭觉县、喜德县、美姑县、甘洛县、通江县等乌蒙片区县。目前，依托科技小院联动平台，已开展集中培训89场次、现场技术指导600余次，提供马铃薯等作物栽培手册2000余份，培养科技示范户30余户、农技人员100余人、本土人才900余人，与马铃薯企业合作申报获得产业项目2项。科技小院打造了标准的“原原种-原种-生产种”的三级种薯生产体系，指导建立5000平方米智能雾培大棚，一季生产原原种200万粒以上，2019年雾培大棚繁殖原原种生产较2018年增加近100万粒，带来直接经济效益50万元；探索冬季种薯生产技术，建立原原种周年生产体系，成功实现一年生产原原种460万粒。2020年，拓展原原种基质繁育提升产能，预计周年生产原原种1700万粒。全产业链基地创建降低损失30%以上，三年内实现布拖县优质种薯全覆盖，预计提升产能5.1亿元。2020年布拖县运用植保无人机进行马铃薯晚疫病防治，飞防示范面积为10000亩，按照马铃薯种植产量损失30%，常年平均亩产1600公斤，价格按1.4元/公斤计算，2020年无人机防治减损100余万元。团队联合科技小院依托单位，改善1000平方米贮藏冻库，马铃薯贮藏损失由30%降低到5%以内，折合效益50万元以上，间接效益500万元以上。农户散户贮藏，商品薯减损5%以上、增产10%，平均每户将减损1000元，增收4000元。

（三）研究生投身创业，开创脱贫新模式

科技小院师生长期坚持上山下乡走基层，全程陪伴式地帮助布拖农户种出优质高产、市场价格高的紫色马铃薯，也彰显了三农情怀与使命担当。团队博士研究生彭洁创办的成都千盛惠禾农业科技有限公司，以市场运作的方式，将马铃薯团队集成的良种、良繁、良法、良品、良模“五良配套”体系技术成果，推广应用到凉山州紫色马铃薯的脱贫增产中，取得了显著效益。成都千盛惠禾农业科技有限公司帮助农户种出优质高产、市

场价格高的紫色马铃薯，同时，通过自主打造并形成了“紫色马铃薯”品牌，构建了稳定的销售渠道，打开了外贸出口渠道，签订了每年1500万元的稳定销售订单。技术和市场渠道共同努力，形成了稳定、持续且极其精准的扶贫模式，并将此扶贫模式复制和推广至四川省甘孜、阿坝等市州，种植规模超过30000亩，每年增收16200万元以上。

（四）平台搭建，构建完整马铃薯产业链

以科技小院为基地，调整种薯结构布局、提质增效转方式，依靠科技增效益，加快农业产业化进程。强化布江蜀丰现代农业示范园同四川农业大学马铃薯团队的合作，提升马铃薯育种和农业生产及加工能力。在建立高产优质种薯和商品薯种植基地的同时，全力打造马铃薯精深加工厂与电商经营平台。

（1）坚持科学育种、领头雁建设、权属明晰，强化产业链链条延伸。布江蜀丰现代农业示范园和布拖马铃薯科技小院实现“政府+企业+科研+教育”形式，初步建立“原原种-原种-生产种”三级薯良种繁育体系、生产体系和加工体系，培育多样化的马铃薯种薯，满足各类种植户对薯种选择的需求。同时，借助发展村集体经济的产业政策资金，由“村两委”或“种养大户”领办，组建农民专业合作社，有利于培育农村领头雁。全县累计农民专业合作社发展到180个，家庭农场170个，为进一步提升和巩固脱贫攻坚成果，构建“村集体经济+合作社+农户”联结机制。

（2）坚持产业园区建设、完善农技服务体系、实现行业联动，提高产业链现代化发展。重点打造产业融合发展扶贫产业园，以三园三区（三园：现代农业科技示范、田园文旅、扶贫产品精深加工示范园；三区：现代农业推广种植、产城融合、文化康养示范区）为建设内核，多方联合行动，构建区域综合生态产业体系。

（3）坚持良种培育、提升产业链金融赋能实现产品拓展。良种是决定

马铃薯产量、质量和效益的内在因素和生产资料，推广马铃薯薯种脱毒化、品种专用化建设是实现马铃薯产业升级的关键一步，需要政策继续支持马铃薯科研投入。同时，调整金融对马铃薯产业发展的信贷政策，激励银行和保险机构对马铃薯金融产品和服务的创新，其目的是增强农村金融基础建设和金融机构服务水平的提升，为实现产业链金融奠定基础条件，为中小企业融资提供更安全、更便捷、更精准的信贷服务。

（五）培育领头雁，推动产业运转与升级

科技小院团队同布拖县委组织部联手，以对村集体组织和农民合作社带头人技能培训为重点，社会企业家扶贫基金会、四川农业大学的和成都万春智汇·创客空间形成战略合作伙伴关系，共同为马铃薯产业化、国际化打好基础，发挥示范带动作用。一是以马铃薯产业化和国际化为契机，选择相关村集体或合作社领头人，有针对性的设计培训课程，进行线上线下培训。二是以返乡创业人员为对象，在马铃薯育种、新型食品开发、包装、物流配送等领域，利用四川农大和有成基金会的资源，吸引青年农民工参与线上线下培训课程，为他们搭建创业平台。三是组织帮扶干部参与村集体和合作社带头人的培训，协助设计村集体或合作社发展项目，并针对帮扶干部的特殊需求，设计培训课程，发展合作支持网络。

同时，以科技小院为纽带，采用产学研政相结合，指导农户散户贮藏，通过科普教育与贮藏技术宣传，改善布拖人民仍在吃发芽马铃薯的情况，指导农户吃上营养健康的马铃薯；提升当地马铃薯种薯活力，让彝族同胞种上品质更好的种薯，以达到更高的产量；建立布拖特色马铃薯乌洋芋高产栽培体系，打开其国内甚至国际市场；增加科普知识宣传活动，宣传马铃薯科学种植方式，提升当地农户马铃薯病虫害防治意识，减少由晚疫病等重大病害给布拖马铃薯带来的直接巨大损失；改善当地马铃薯种植模式，增加土地利用效率，尽可能高效地采用蔬菜、果树与马铃薯间套作模式，让布拖高原上彝族同胞们也吃上更多的新鲜蔬菜；进一步对接布拖

马铃薯全产业链建设。对接布拖马铃薯加工厂的建立、运行，了解参与马铃薯的产前、产中与产出，从而选择更适宜布拖种植的马铃薯品种；以产业发展需求为重点，以培育“一懂两爱三有”农业复合型领导人才为优势，让学生在生产中提炼问题，在问题中提升自我，建立良好的“人才-生产-人才”培养模式；与政府、企业、农民建立了良好的联系，支撑试验科技成果的多点多层次示范推广应用，加速新技术、新成果在县、乡（镇）、村、农户的各级推广工作运行。

（六）提出产业发展规划建议，助力产业高品质发展

1.提出关于建立布拖县马铃薯无人机植保统防统治体系的建议

2019年布拖县马铃薯绝大部分种植区晚疫病发生严重，随海拔高度不同晚疫病发生时间、发病程度也有差异，平坝区补尔乡、特木里镇晚疫病发生时间早、危害面广。鉴于全县马铃薯种植户预防、防治病害意识不强、执行力弱，向农户送药、送器械，靠农户防治病害的措施难以落实，且可能造成较大浪费。加之晚疫病传播力强，蔓延速度快，为避免和减少损失，急需建立统防统治体系。

无人机植保技术是现代农业的高新技术，效率高、效果好、省药省水省人工。人工施药一天约10～20亩，劳动强度大，而植保无人机飞防施药一天可达250～300亩。人工作业每亩施药液至少30～40kg，无人机施药每亩用药液量仅为0.7～2kg。无人机喷施农药精准度更高，配合专用的飞防药剂，具有抗漂移、沉降好、抗挥发、易吸收等多方面特点，同时也克服了传统施药器械下地喷施对秧苗的损伤和器械转移造成交叉感染的问题。经本团队专家在昭觉县试用，已取得良好效果。无人机施药每亩每次成本为20元左右，晚疫病防治期间一般喷药1～3次，根据布拖县高温高湿天气情况，按马铃薯生育期进行3次施药计算，平均每亩支出费用为60元。按全县21万亩马铃薯面积全覆盖计算，无人机统防统治需

1260万元。但实施后可减少1.32亿元以上由晚疫病造成的经济损失，经济效益高。

按布拖县委、县政府要求，该建议在2020年已经被采纳并开始实施，结合县实际情况，选择了18个村作为马铃薯晚疫病无人机飞防示范点，防治面积共计1万亩，防治效果显著（图7.2）。在此基础上，基于布拖马铃薯科技小院2020年调研情况，整合飞防过程中发现的问题及防治效果，已向布拖县委、县政府再次提交《关于布拖县2020年晚疫病防治的紧急建议》，在现有无人机统防统治机制的基础上，进一步加大后续投入，优化无人机防控专业能力，逐步提升飞防范围。建议下一阶段防治由目前的防治范围一万亩提升至五万亩，加大前期投入，避免晚疫病造成的重大损失，提升布拖县整体防控效果。

图7.2　无人机飞防

2.提出布拖县马铃薯产业化调研及发展建议

为了充分了解布拖县马铃薯产业现状，促进该区域马铃薯产业健康快速发展，科技小院团队调研了布拖县马铃薯产业的基本情况、产业中存在的主要问题、技术需求和发展趋势，全面分析了布拖马铃薯产业中存在的传统小农生产方式转型、先进技术扩散、产业链衔接困难、人才短缺等问题，并提出该区域未来马铃薯产业发展的思路与建议，建议联合布拖马铃薯科技小院由现在的“薯类专家团队+企业+农户+科技小院”的线性技术推广模式，提升为“帮扶干部+科技小院+国际合作+村集体组织”的新模式，发展“科技小院+”。发展和延伸当地马铃薯产业链条，为布拖马铃薯的产业化发展注入新动能，进而培养当地人才，为布拖马铃薯产业长远发展注入持续动力，也为布拖马铃薯科技小院后期工作开展奠定基础。

3. 助力布拖县脱毒种薯推广

使用脱毒种薯能够有效提高马铃薯的产量和品质，但是对于农户来说，会增加很多的用种成本，对于还没有形成购买种薯的布拖普通种植户，推广难度很大，必须通过政府措施来进行推广。布拖县政府制定相关政策，确定适合种薯生产的各乡村，通过发放原原种进行原种生产，再进行收购，增加农户经济收入的同时，也增强了农户使用脱毒种薯的意识，致力打造种薯生产基地，这也是产业发展的需要。尽可能实现种薯生产本地化，减少运输成本，降低贫困群众的用种支出。加强对脱毒种薯的质量检测，从源头上确保种薯质量，从而保证生产质量。

二、科技小院关注教育，助力扶智计划

（一）深入扶贫一线，助力产业振兴

为响应党中央一号文件精神，培养“懂农业，爱农村，爱农民”，“有理想，有本领，有担当”的“一懂两爱三有”人才，布拖马铃薯科技小院与四川农业大学联合建立多方位人才培养合作模式，积极与四川农业大学农学院团委、青年志愿者工作部等单位合作开展“农科学子助力布拖马铃薯产业振兴”实践活动。四川农业大学50余名大学生积极参加“走进乡

土乡村 助力精准扶贫”全国农科学子联合实践行动（图7.3），组成“薯遇布拖”“寻梦者”两个暑期社会实践团队前往四川省凉山州布拖县特木里镇，采访扶贫一线干部，传递奉献精神；深入乡村农户家中，开展实地调研；入住特木里镇小学，开展“问学启智 修德远航”暑期支教活动，传递马铃薯趣味知识，推广普通话；开展珍爱生命，远离艾滋病等一系列健康培训，得到良好的反响，受到当地师生、家长、政府、驻村书记等充分肯定，两支队伍均荣获校级优秀团队称号。

图7.3　出发前实践团队同学与老师合影

1. 科技支农，助力马铃薯产业发展

2019年7月25日，四川农业大学农学院“薯遇布拖”暑期社会实践小分队来到了布拖县特木里镇乃乌村，同布拖马铃薯科技小院研究生一起对当地农户进行了马铃薯科学贮藏技术培训与调研（图7.4）。

图 7.4　团队同学正在进行入户实地调研

依托布拖马铃薯科技小院的平台，“薯遇布拖”实践团队前期踩点特木里镇乃乌村，了解到马铃薯产业为乃乌村当前主体产业，而限制乃乌村马铃薯产业发展的重点问题则为马铃薯贮藏问题。由于不当贮藏，乃乌村马铃薯贮藏后期发芽情况严重，给马铃薯销售和食用带来巨大的阻碍。因此，团队同学们在实践过程中将科学的马铃薯贮藏技术带到了乃乌村。

队员们前往农户家中实地指导马铃薯科学贮藏技术，就农户家中各式各样的贮藏设施提出不同的改进意见。针对种薯选择、病害防治、科学施肥等当前在马铃薯产业发展中存在的其他突出问题，同学们也一一为村民们解答，提出改进意见。走访后，大家还同乃乌村的干部们商量，准备在乃乌村中选择两户村民家设置科学贮藏技术示范点，由点带动面，有效减少马铃薯散户贮藏中的问题。

2. 深入农户家中，触摸脱贫攻坚成果

此次薯遇布拖实践团队一行人深入布拖县特木里镇乃乌村农户家中（图 7.5），发放脱贫攻坚入户调查问卷，实地了解当前脱贫攻坚工作进展，收集农户心声，感受乃乌村近些年来的发展变化。经过调研，团队同学发

现在国家高度重视布拖脱贫工作，大力助其脱贫攻坚之下，乃乌村近些年来的发展变化巨大。首先就体现在村中的安全住房问题上，近年来，通过易地搬迁、彝家新寨、维修加固、实施“五改”工程等措施，加之群众零星自建，全村基本实现了群众安全住房有保障。全村实现通电通水，宽带网络也已经接入村中。水泥路通入村中，居民休闲娱乐基础设施建设也初具模型。进入村中，随处可见村民们幸福洋溢的笑脸。听村民们讲起乃乌村这些年的发展变化，同学们也深受感染，回来后不停感慨，更是对当地驻村帮扶干部的用心程度感到由衷敬佩。

图 7.5　队员们同乃乌村驻村帮扶干部合影

3. 感受彝族文化，共促民族团结

火把节是彝族的传统节日，布拖县隶属于四川省凉山彝族自治州，是彝族阿都聚居的高寒山区半农半牧县，更是彝族火把节的发源地，素有“中国彝族火把文化之乡”“火把节的圣地”的美称。实践期间，队员们还参加了当地彝族火把节狂欢，感受彝族火把节文化。从2019年7月19日开

始，团队队员们就开始积极加入欢庆火把节的队伍当中，19日早上，团队女队员们早早起床，为在火把节上表演的100位特木里小学的孩子们化妆。孩子们穿着整齐的服装，梳着一样的发型，耐心等待团队同学给她们化妆，队员们也被节日的氛围感染。街道上，人们都穿着彝族服饰，头上戴着银饰，分外漂亮（图7.6）。20日，团队一行人前往布拖县林业局参与到守护火把的行动中，团队队员的手里举着春之火，夏之火，秋之火，冬之火，富强之火，民主之火，文明之火，和谐之火，美丽之火……沿街走到火把广场，一路收到人们好奇而羡慕的眼光，不同的火把代表了布拖县人民对未来美好生活的追求和希望。队员们护送每一把火把到不同的火堆，静等火把点燃的那一刻。从晚上7点一直等到晚上8点半，终于，第一枚信号弹发射，山上的火把一个个燃起来了，点燃了两排，点燃的两排火把就像通往幸福的道路。随后第二枚信号弹也在空中散射，所有的火把全部点燃，人们手牵着手，随着音乐一起律动。队员们牵起特木里小学小朋友们的手，一起跳起达体舞。人们围着篝火，感受火带来的温暖与希望，承载着对丰收的美好愿望，对未来的美好祝愿。

图 7.6　火把节上的彝族姑娘

7月21日，火把节还未结束，团队同学们前往火把节广场观看了斗牛比赛，有些人牵着一头牛，也有的人牵着是准备参加斗羊比赛的羊，那些羊角被涂上了五颜六色的颜色，色彩十分艳丽，寄托了主人对它在比赛中的希望。

4. 学习雾培技术，探索新型人才培养模式

（二）关注教育 凝聚希望

1. 体验教育，传递马铃薯趣味知识

2019年7月27日，四川农业大学农学院“薯遇布拖”暑期社会实践团队一行人来到布拖县特木里镇中心小学，为当地的小朋友们上了一堂别开生面的趣味马铃薯课堂（图7.7）。

图7.7　趣味马铃薯课堂现场

马铃薯一直以来都是布拖县当地居民的主食，因此当我们的同学播放出演示文稿（PPT）的首页“趣味马铃薯课堂”时，立即吸引住了小朋友的目光，小朋友们纷纷好奇的自言自语道：“咦，趣味马铃薯”。课堂上，

团队同学从马铃薯的专业知识、马铃薯的历史小故事、马铃薯的趣味吃法及马铃薯的特殊用途四个方面展开讲解，并用配套趣味小视频的方式全面调动同学们的学习兴趣，让同学们从生活常识走到专业学科领域中去，再从专业学科领域中发现科学的趣味，认识不一样的马铃薯，发现马铃薯的独特魅力，启发思维，激发兴趣。

2.推广普通话，启发自强心

为切实推动推广普通话工作，响应凉山“学前学会普通话”行动号召，并引导和帮助广大青年学生在社会实践中受教育、长才干、作贡献，2019年7月26日，四川农业大学农学院“薯遇布拖”社会实践团队一行人来到了布拖县特木里镇中心小学，开展了“以普为话，助梦远航”的普通话推广课堂。同学们从各地方言引入，详细介绍了普通话的历史由来，并比较了普通话与彝语的区别与联系，向小朋友们强调了学好普通话的重要性（图7.8、图7.9），并介绍了普通话的基本知识与发音规律，更是现场纠正了同学们的发音，课间插入趣味横生的普通话绕口令，让同学们参与其中，通过奖品鼓励，调动同学们的参与积极性。课堂结尾，同学们更是现场教小朋友们朗诵《少年中国说》，鼓励小朋友们自强自立，爱国奋进，争做中国之脊梁，为祖国复兴贡献自己的力量，课堂在一片斗志昂扬的朗读声中结束，普通话推广工作潜移默化的进行下去，取得了良好的效果。

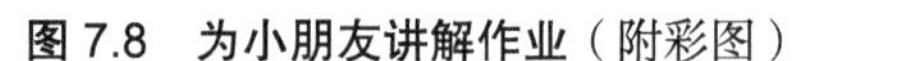

图7.8 为小朋友讲解作业（附彩图）

图7.9 普通话推广课堂（附彩图）

三、科技小院开发助力布拖马铃薯产业的新媒体

（一）科普与宣传工作

在试验的基础上，科技小院团队继续开展马铃薯科普宣传工作，多形式多元化增进马铃薯相关科学知识的宣传与推广工作。针对大部分农户不懂汉语的情况，制作了彝语的马铃薯种植科普视频、科普展板，并进行现场指导。同时，在园区及示范地增添科技小院元素，制作科技小院周边产品。科技小院学生下乡到布拖的各个乡镇进行马铃薯相关培训、指导工作。布拖马铃薯科技小院团队还向中国农村专业技术协会官网，四川天府云平台，四川农业大学校网、院网，四川省薯类创新岗位团队官网、今日头条、微信公众号、抖音等多个平台投递了新闻稿、博客、科普小知识和科技小院的日常动态等。

（二）科普新媒体宣传平台搭建

图 7.10　布拖马铃薯科技小院微信公众号

为了更好地让布拖马铃薯科技小院品牌深入人心，2019年，科技小院开通了自己的微信公众号（图7.10），定期更新科技小院学生学习和生活情况，并且还有对马铃薯综合知识的科普。布拖马铃薯科技小院依靠强而有力的宣传工作，强化推广，不断提高知名度，增强影响力。这样，宣传工作也可作为与农民沟通的重要手段和工具之一。

1. 布拖马铃薯科技小院微信公众号宣传平台构建

布拖马铃薯科技小院公众号主要分为三部分内容，第一部分是马铃薯管理、马铃薯病虫害科普知识；第二部分是工作、学习和生活记录不定期

的更新；第三部分是基层服务和培训以及马铃薯科技小院参与的活动。但现在公众号内容还是过于单调。对此在关注同类科技小院公众号的经验与成果，本科技小院正在策划增加一些人物介绍专栏，比如科技小院负责老师、团队、依托单位各部门负责人都可以制作简介。后期微信公众号中还计划加入每周优秀工作日志展览专栏，每周选出五篇优秀的工作日志制作成合集，也让更多的人看到科技小院撰写的工作日志。

科技小院公众号起步时，刚开始关注的粉丝，几乎都是自己身边的亲朋好友，到后来渐渐的多了很多尽管陌生，却同样有一颗热爱农业、支持扶贫工作志同道合的朋友。

2.布拖马铃薯科技小院抖音号搭建

2020年5月科技小院拥有了科技小院自己的抖音号（图7.11）。科技小院的学生从零开始学习视频的拍摄、剪辑、配乐。江油扶贫前线指挥部的熊瑛老师两年来一直经营着自己的抖音号，有着熟练的拍摄和视频剪辑技术，她平时会教给科技小院学生很多技巧和拍摄经验。

图 7.11　科技小院抖音号

同时，再通过科技小院学生自己不断摸索和尝试，形成了自己特有的严肃且活泼的短视频风格。熊老师也提议科技小院学生定期可以进行直播；因此，科技小院开始直播小院学生平时的工作、下乡调研、日常生活，并和大家聊天增加互动。从第一次面对镜头的不自在和紧张，到第二次、第三次可以和观众愉快的交流，并介绍科技小院的工作，还能流利地回答观众提出的问题，这都是科技小院学生的成长和进步，科技小院学生面对镜头更加自信。与熊瑛老师一起参加洛奎村布拖特色农产品现场会进行科技小院的直播宣传工作，并且协助园区介绍马铃薯加工产品和园区的各种特色产品的现场会时。身临其境的感受主播直播，让科技小院同学们学习到了他们介绍产品的方式、如何与观众互动、如何带动直播气氛，以及品牌的宣传是多么重要，这些也坚定了将布拖马铃薯科技小院宣传工作做下去的信心。

（三）项目合作

1. 中国留学基金委乡村振兴人才培养专项——现代农业产业与美丽乡村建设

美丽乡村建设是美丽中国建设的重要组成部分，建设美丽乡村是我国乡村振兴战略的重要举措。位于西部地区的四川是我国乡村振兴的重点和难点，美丽乡村建设势当全力以赴。根据人社局关于"乡村振兴、人才先行"引导鼓励各方人才参与美丽乡村建设的重要指示，通过本项目目前的实施，为充分结合和利用国内外的有效资源、更好地聚焦和服务国家乡村振兴战略发挥着探索性的指导作用。

以中国农村专业技术协会科技小院培养模式为支撑，为了更好地聚焦和服务国家乡村振兴战略，培养国家急需、薄弱领域的农业农村应用型人才，国家留学基金管理委员会2020继续试点实施乡村振兴人才培养专项。布拖马铃薯科技小院目前已有9名同学申请可以到英国诺丁汉大学、美国路易斯安那州立大学、堪萨斯州立大学进行研究生阶段的联合培养。

2. 全球挑战研究基金（GCRF）项目

凉山彝族地区马铃薯产业化是英国诺丁汉大学全球挑战研究基金资助的四川贫困地区合作社发展研究项目的一个重要内容，也是四川省政府和诺丁汉大学于2019年11月在成都高层会议确认的2020年省-校合作的重点领域。布拖马铃薯科技小院隶属于其中的子课题：四川特困山区马铃薯产业化发展中合作社的地位、作用及其发展潜力研究。分别以重点从生态系统视角研究不同地区、不同类型的马铃薯合作社发展演变机制以及未来的发展趋势，对其进行梳理比较。从马铃薯产业发展利益相关主体视角研究农民在马铃薯合作社中参与情况、农民如何从马铃薯合作社中受益，并以不同地区不同模式下农民受益情况的比较分析为研究目标。

特困山区马铃薯合作社分为返乡创业带动型、农村集体推动型、外地人才创业型3类。通过二手数据的收集，细化分析不同模式下的乡村旅游合作社的经营内容、组织分类等；利益相关者视角下，不同利益相关主体的利益均衡机制：将利益均衡机制分类为合理的利益导向机制、畅通的利益表达机制和有效的利益调节机制，通过对不同的利益主体的调查，分析不同利益主体之间是否达到了利益均衡和存在的问题；社会资本视角下，农民参与乡村旅游的受益机制与路径：从农民受益出发，通过访谈调研分析，返乡创业带动型、农村集体推动型、外地人才创业型3类合作社，并就农民如何参与合作社，农民具体的利益诉求是什么，参与情况以及受益情况进行分析比较。

在四川省-校合作协调办公室和省农业农村厅的大力支持和协调下，诺丁汉大学和四川农业大学布拖马铃薯科技小院组成了马铃薯产业化联合考察团，旨在通过对凉山州样本县——布拖县的实地考察，发现马铃薯产业化发展的动力机制、发展模式、减贫效果，及马铃薯产业化发展所需要的顶层设计、外部条件和诺丁汉大学的作用。考察团一行20余人在诺丁汉大学高级研究员武斌博士、四川农业大学项目协调人傅新红教授和四川农大马铃薯创新团队负责人王西瑶教授的率领下，于2020年1月5～8日对布拖县进行了为期3天的调研走访，涉及马铃薯育种、生产、加工、流通和销售多个环节和布拖科技小院、产业园、示范基地、农民合作社和村集体组织，同布拖县政府和相关部门领导、企业家、驻村帮扶干部、村集体和合作社带头及其彝族农户等进行了广泛接触、交流和座谈。中国农业大学人文发展学院齐顾波教授、凉山州农业农村局王宗洪主任，应邀参与和指导了本次考察。

考察团认为，围绕凉山布拖马铃薯产业化，四川省和诺丁汉大学之间可以在如下几个方面发展和强化合作：①技术方面：就马铃薯的风味科学、加工贮藏、新品种开发和梯级良种繁育体系建设等领域开展合作；②管理科学方面：围绕马铃薯产业链延伸、国际品牌创造、科技小院和帮扶体系的功能优化等问题展开合作；③产业化带头人的培训培养方面：通过"请进来""走出去"、参与式互访的方式，加速智力引进和本土人才的成长。与此同时，就考察内容与科技小院专家下基层指导等工作，布拖马铃薯科技小院学生撰写了调研报告与调查整合博客发表于英国诺丁汉大学官网（图7.12）。

图7.12 科技小院学生撰写了调研报告

四、助力稳定脱贫不返贫，乡村振兴再出发

自2016年脱贫攻坚战全面打响以来，布拖县脱贫攻坚取得阶段性成效。截至2018年底，布拖县86个贫困村成功摘帽，脱贫7138户33569人，贫困发生率下降到26.4%。2020年，布拖县所有村全部脱贫摘帽。科技小院将不断创新完善脱贫攻坚运作模式，实现贫困地区全面稳定脱贫不返

贫，乡村振兴再出发。

首先是坚持以马铃薯种薯活力调控为重点，以加工、营销为产业延伸，逐步补齐品牌、市场营销短板，打造布拖马铃薯全产业链，让特困山区薯农种出高产土豆、吃上优质土豆、卖出致富土豆，实现马铃薯全产业链提质增效。将科技小院打造成为人才培养的新阵地、好平台，培育科技兴农本土人才与农村新型经营主体，培育脱贫攻坚与乡村振兴领头羊，建立起一批马铃薯专业合作社、家庭农场等新型农业经济主体，助力脱贫致富。其次是充分落实关于建立布拖县马铃薯无人机植保统防统治体系的建议，县政府预算主导，农村农业局技术把关，施药企业、各乡镇、村、农户全面参与，统防统治与综合防治相结合，由点到面，逐步实现晚疫病防控的全覆盖，保护和发展马铃薯产业。科技小院将继续助推布拖县现代农业产业发展，巩固传统，探索新路，以“产业扶贫”为主攻方向，全力做大马铃薯这一主导产业，加快发展特色优势产业，积极推动乡村振兴规划的编制实施，在引领科技助力精准扶贫脱贫、美丽乡村建设等方面，取得显著进展和成效。

2020年，受疫情影响，科技小院与科技小院依托单位布江蜀丰生态农业科技有限公司展开线上联动，按照“统筹部署春耕生产、脱贫攻坚等工作”精神要求，以科技小院2019年驻扎期间的调研结果为依据，制定了“布拖马铃薯科技小院抗疫情保生产工作方案暨高产展示方案”，由布江蜀丰现代农业园区开展实施。同时，科技小院入住学生在2020年3月20日疫情形势有所缓和时，主动申请返回布拖，前往生产一线开展“保春耕”行动。通过技术示范推广增强马铃薯产业抗逆丰产能力，同时配合园区对引进播种的各类马铃薯品种进行品种示范比较，在园区、当地土地流转基地、贫困村示范农户家进行种植指导以促进当地农民增收，企业增效。

行百里者半九十，众志脱贫奔小康。科技小院这朵脱贫攻坚战地上艳丽的小花正见证着一个美丽、幸福、文明、和谐的新布拖到来。

第八章

引领科技创新驱动马铃薯产业发展

一、种薯活力调控体系研究

1. 紫色马铃薯种薯活力提升及其对植株生长和产量的影响

为研究催芽温度对马铃薯生产和结薯的影响（图8.1）。科技小院团队硕士研究生黄涛等，通过设置1.5℃、10～15℃（室温）、20℃这3种温度，进行播种前催芽处理。种薯萌芽速度随催芽温度升高而加快，催芽结束时，室温下和20℃的催芽处理，芽粗、芽长、芽数都显著高于1.5℃处理；种薯萌芽过程中，脱落酸（ABA）含量呈下降趋势，催芽温度越高，下降速度越快，而植物生长素（IAA）、细胞分裂素（CTK）和赤霉素（GA）含量整体呈上升趋势；播种出苗后，催芽温度越高，主茎数越多，但茎粗度越低；株高在植株生长前期随催芽温度增加而提高，在植株生长后期催芽温度越高，株高越低；室温和20℃催芽处理鲜薯产量分别较1．5℃催芽处理提高15．3%、15．6%，单株结薯数分别提高18.8%和23.9%，同时≥90g薯块比例减少，30～60g薯块比例增加，但并未对商品薯率产生显著影响。播种前适当提高催芽温度可以提高群体数量，增加结薯个数，增加产量，改变薯块大小分布。此研究论文已在《西南农业学报》上发表。

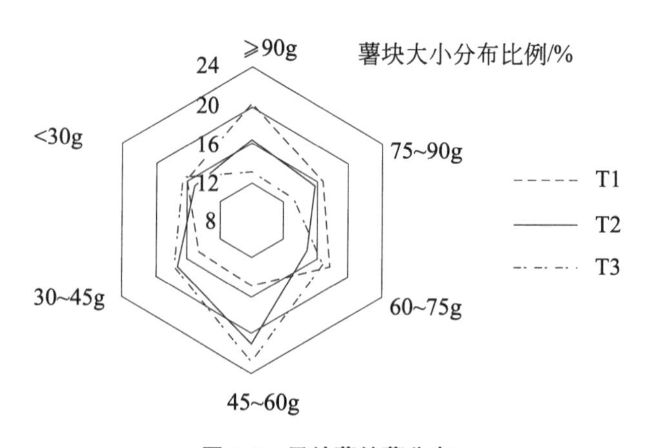

图8.1 马铃薯结薯分布

2. 依托薄荷醇和茉莉精油的控芽剂开发与马铃薯抑芽应用

布拖马铃薯科技小院硕士研究生黄涛等，为探究薄荷醇和茉莉精油对马铃薯块茎萌芽的影响，以马铃薯“费乌瑞它”品种为材料，采用自然挥发处理的方式，研究在常温条件下使用不同用量的薄荷醇、茉莉精油对马铃薯发芽率、质量损失、淀粉含量、还原糖含量、淀粉酶活性等的影响；同时，采用体视显微镜和石蜡切片技术，对比观察块茎顶芽组织形态在贮藏期间的变化。结果表明：薄荷醇和茉莉精油可有效减少马铃薯质量损失，保持块茎中淀粉的含量，降低淀粉酶活性、还原糖含量，抑制马铃薯萌芽；薄荷醇处理的马铃薯顶芽死亡，块茎薄壁细胞中淀粉粒含量较多；茉莉精油能有效抑制芽生长，芽后期生长正常，块茎薄壁细胞中淀粉粒的消耗较少（图8.2）。薄荷醇适用于马铃薯商品薯的贮藏药剂开发；茉莉精油既可用于商品薯的贮藏药剂开发，也可用于种薯的贮藏药剂开发。此研究论文已在《四川农业大学学报》上发表。

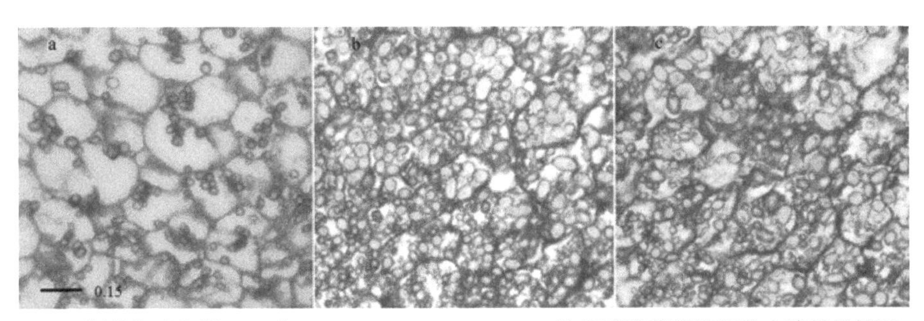

a ～ c 分别表示贮藏 42d 时 CK、MEN 2g、JAS 10mL 处理马铃薯薄壁细胞中淀粉粒情况

图 8.2　马铃薯薄壁细胞中淀粉粒情况

3. 以CIPC为核心的控芽技术的优化与应用

为研究加热熏蒸抑芽剂氯苯胺灵（CIPC）对马铃薯抑芽效果及品质的影响，团队硕士研究生李昕昀等，采用加热熏蒸和喷施两种方法，在室温20℃的条件下，贮藏第30天时对马铃薯进行处理，空白对照不做任何

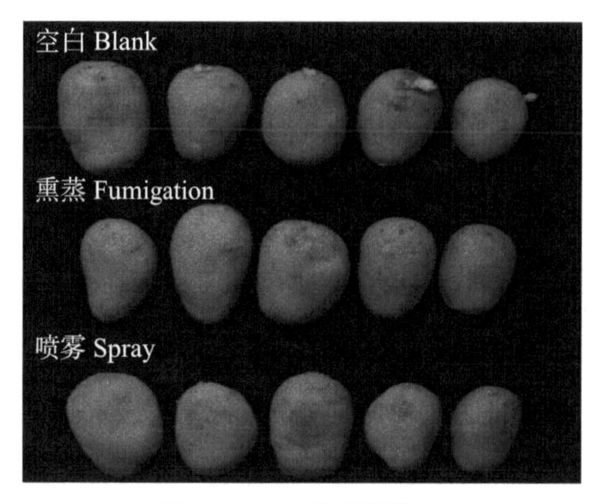

图 8.3　马铃薯发芽情况

处理，测定马铃薯萌芽情况及品质关键指标。结果表明：相比空白对照，在马铃薯贮藏过程中，喷雾CIPC和加热熏蒸CIPC均能显著抑制马铃薯发芽，处理后薯块普遍出现芽萎缩变黑的现象；两种处理后干物质含量、淀粉含量均极显著高于对照，可溶性糖含量、α-淀粉酶活性极显著低于空白对照；相比之下，喷雾施用CIPC较加热熏蒸对马铃薯的抑芽效果和保持薯块品质的效果均更佳，但二者都具有明显的抑芽效果（图8.3）。考虑操作性、成本、对马铃薯的机械损伤等因素，认为加热熏蒸比喷雾的优势更加显著，在实际生产中具有更好的推广潜力。本研究论文已在《中国马铃薯》上发表。

4.挥发性抑芽物质的挖掘与灵活调控马铃薯块茎萌芽机制解析

马铃薯块茎过早萌芽会降低商品价值，团队博士后邹雪等为比较挥发性物质的抑芽效应，从转录和蛋白质水平分析其作用机制。抑芽能力：薄荷醇＞樟脑＞萘，萌芽受抑降低代谢消耗，薄荷醇处理180天时的质量损失只有对照损失的36%。樟脑处理萌芽块茎3天引起表达显著上调（或下调）的基因和蛋白质分别有1227（299）和296（204）个，主要参与响应刺激、防御反应。贮藏期间，果胶代谢基因*PEL*、*PME*、*PG*，角质合成基因*CYP77A6*、*HPFT*、*WES*，乙烯合成基因*ACO*以及转录因子编码基因*GATA4L*的表达量随时间升高。樟脑早期不同程度地刺激这些基因表达，中后期则抑制，49天时只有对照的0.68%～23.35%。薄荷醇使上述基因表达保持低水平，但可提高细胞周期负控基因*KRP4*的表达，为对照的

15.9倍。植物病原菌互作通路中的基因*WRKY75*、*STH-2*、*RBOH*表达受樟脑诱导并在后期高表达（图8.4）。樟脑和薄荷醇均能抑制生长发育基因的表达，造成芽死亡，降低贮藏损耗。前者早期能促进合成保护性物质，萌芽时有更强烈的抗菌反应；后者则阻碍细胞分裂。本部分内容研究论文已在《作物学报》上发表。

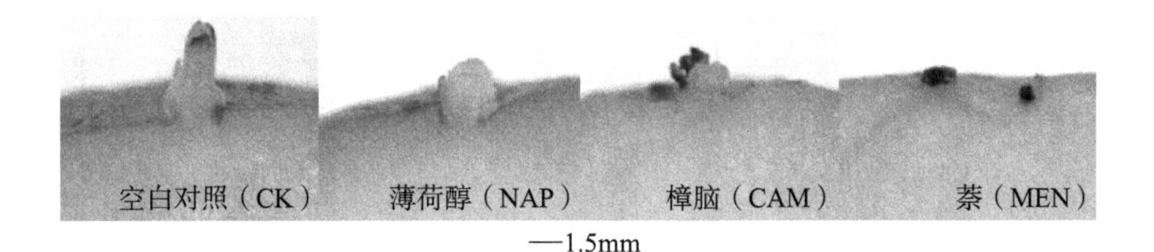

图 8.4　贮藏 50 天时各处理抑芽比较

5. 新型马铃薯种薯活力提升激素油菜素内酯的功能机制解析

马铃薯休眠萌芽问题长期制约马铃薯产业发展，影响马铃薯食品健康和马铃薯产业发展。布拖马铃薯科技小院博士研究生邓孟胜等，以油菜素内酯促进马铃薯块茎萌芽为切入点，应用定量磷酸化蛋白质组学和靶向蛋白质组技术揭示其调控块茎休眠萌芽的作用机制，功能富集聚类显示BR显著上调了氨基酸代谢途径，下调了植物激素信号转导和蛋白质输出路径。BR处理改变了BR、ABA、淀粉和糖信号转导通路相关蛋白质的磷酸化，如丝氨酸/苏氨酸蛋白激酶（BSK）、α-葡聚糖水合二激酶（GWD）、蔗糖-磷酸合酶（SPS）、蔗糖合酶（SS）和碱性/中性转化酶（A/NINV）。研究结果揭示：BR通过调控蛋白质磷酸化过程来促进马铃薯块茎发芽，为马铃薯科学高效贮藏提供了理论支撑（图8.5）。本部分内容研究论文已于《Food Chemistry》发表。这是马铃薯研究团队首次在《Food Chemistry》上发表的高水平论文，也是对马铃薯休眠萌芽研究的一个重要突破。

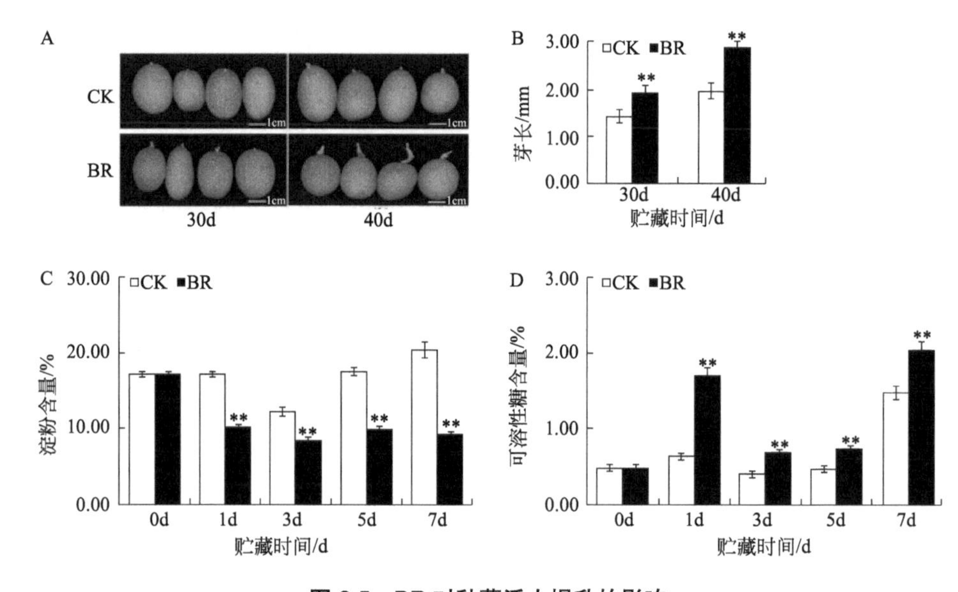

图 8.5　BR 对种薯活力提升的影响

二、马铃薯栽培与生产技术研究

1. 马铃薯试管薯结薯效率优化

科技小院团队本科生陈莹等，为提高彩色马铃薯试管薯结薯效率，降低生产成本，为工厂化生产试管薯提供依据。以8个彩色马铃薯株系为供试材料，研究12%蔗糖、0.5mmol/L水杨酸、40mmol/L高钾处理对彩色马铃薯试管薯结薯的影响。12%蔗糖处理可提高单株试管薯产量和淀粉含量。0.5mmol/L水杨酸处理使不同株系增产19%～192%，但淀粉含量略有下降。40mmol/L高钾处理对试管薯产量和淀粉含量作用不显著或抑制少量株系试管薯形成并降低淀粉含量。此外，水杨酸具有促进结薯提前的作用，可比对照平均提前约15～25天形成直径3～5mm薯块。生产1kg彩色马铃薯试管薯，0.5mmol/L水杨酸处理的试剂成本最低，只有对照的56.89%。0.5mmol/L水杨酸处理具有成本低、结薯效率高的优点，具有实际应用潜力。本部分研究内容论文已在《四川农业大学学报》上发表。

2. 马铃薯堆栽技术提升与应用

马铃薯堆栽技术具有抗旱省工、利水透气等优点，适于凉山地区春季干旱、夏季多雨区域的马铃薯种植，具有较大推广潜力。科技小院团队硕士研究生黄涛等，对马铃薯堆栽技术的应用现状、技术优势原理进行分析，从种薯选择处理、播种起堆、合理施肥、田间管理、病虫草害防治及适时收获等环节总结提出了该技术的优化方案，为促进该技术推广应用提供参考（图8.6）。本部分研究内容论文已在《四川农业科技》上发表。

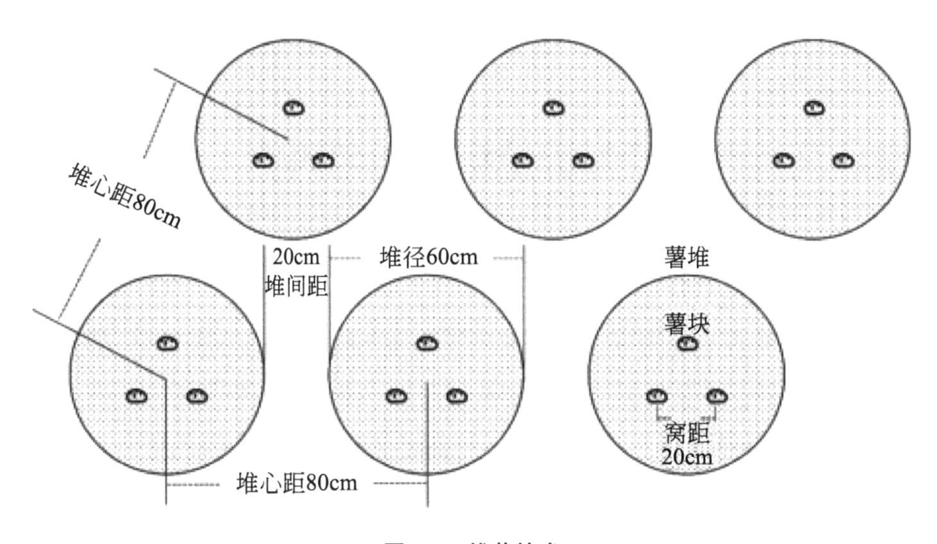

图 8.6　堆栽技术

3. 马铃薯中龙葵素对生长发育和抗性提升的影响

龙葵素是一类有毒糖苷生物碱，主要分布于马铃薯幼嫩和损伤部位等组织，目前发现龙葵素种类多达80种，对植物抵御昆虫、病害具有重要作用，但块茎中高含量的龙葵素危害马铃薯品质安全。科技小院团队博士研究生邓孟胜等，首先概括总结了龙葵素合成主要经萜类、甾醇类与茄啶3种途径，萜类合成由乙酰辅酶A经甲羟戊酸途径最后合成2,3-氧化鲨烯，经鲨烯环化酶形成羊毛甾醇，多步反应后合成甾醇类途径的呋喃甾醇，再通过还原作用进入茄啶合成，最终形成α-茄碱和α-卡茄碱等龙葵素；其次，对龙葵素提取和检测方法进行了比较分析，发现超声提取法和高效液相色谱法最适合龙葵素的提取和检测；最后，龙葵素的合成代谢与马铃薯生长息息相关，合理利用转基因育种先进生物技术以及化学试剂和物理环境调控相结合的手段，科学贮藏保护马铃薯植株生长、保证马铃薯品质安全。通过对龙葵素来源及种类、结构及理化性质、合成路径、代谢与块茎发育的关系、功能活性及应用等方面研究与探讨，对毒性诊断与控制、功能活性应用等领域进行了展望，为有效控制马铃薯中龙葵素的含量、安全高效利用龙葵素提供了科学依据。本部分研究内容论文已在《分子植物育种》上发表。

三、马铃薯优质基因挖掘与利用研究

1. 马铃薯耐低钾基因CBL家族的鉴定及序列分析

植物CBL家族基因在逆境胁迫应答中具有重要功能，但在马铃薯中鲜有报道。科技小院团队博士研究生蔡诚诚等，通过生物信息学方法在马铃薯基因组中筛选出13个CBL基因，并鉴定了这些基因的染色体分布、理化性质、遗传进化、序列结构和顺式作用元件等。结果发现：马铃薯CBL基因在染色体上的分布是不均匀的，编码区长度在642 ～ 774bp之间，外显子数除了StCBL1只含有一个以外，其余CBL的外显子数多为7 ～ 9个；在遗传进化上，马铃薯CBL可分为两大组，且多与番茄CBL同源；通过对其编码蛋白质序列进行比对，发现每个CBL均具有4个变异程度不等的EF-hand结构域；其含有的作用位点类型也有所差异，StCBL2/StCBL8/StCBL9的N端不含常规的豆蔻酰化位点，其C端的核心基序FPSV中，缺失了可被CIPK磷酸化的关键丝氨酸残基；在马铃薯CBL基因的上游序列中发现了可以响应不同植物激素以及逆境胁迫的顺式作用元件。本研究对马铃薯

CBL家族进行了鉴定与初步分析，可为进一步研究马铃薯CBL基因功能提供理论依据（图8.7）。本部分研究内容论文已在《分子植物育种》上发表。

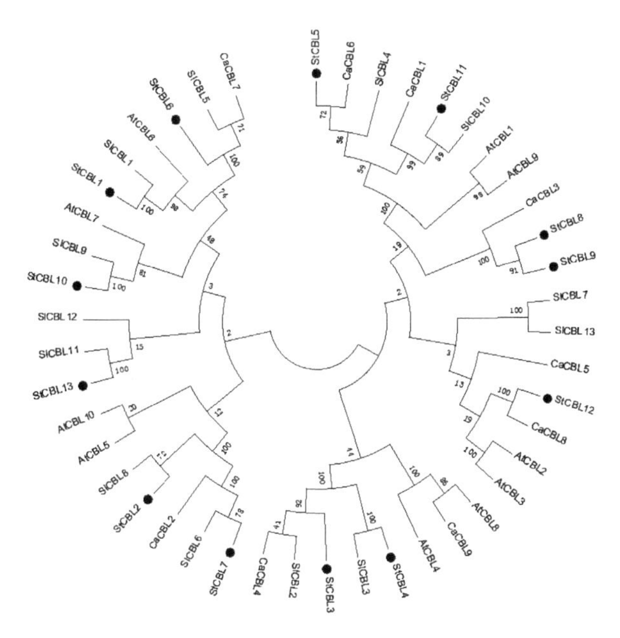

图 8.7　马铃薯 CBL 基因进化树

2.马铃薯休眠基因*StCYP734A1*克隆、表达模式及生物信息学分析

*CYP734As*作为失活油菜素内酯（BRs）的关键基因，调节植物生长发育，可未见马铃薯*CYP734As*基因的相关报道。为探索*CYP734As*在马铃薯块茎生长发育中发挥的功能，团队硕士研究生张杰等以RT-PCR技术从马铃薯品种“费乌瑞它”中克隆到*StCYP734A1*基因全长序列，并对其进行生物信息学分析；利用实时PCR技术分析不同组织及块茎不同贮藏时期基因表达模式。结果显示，该序列开放阅读框（ORF）为1644bp，编码547个氨基酸，蛋白质分子质量约62.07kDa，理论等电点（pI）9.31，在7～26位氨基酸存在一个跨膜区，亚细胞定位预测主要在线粒体和细胞核，系统进化分析表明与番茄LeCYP734A8亲缘关系最近。荧光定量分析马铃薯*StCYP734A1*在不同组织和块茎不同贮藏时期基因表达量，根中

*StCYP734A1*表达量最高，其次是茎、叶、花、果实。随着贮藏时间的延长，马铃薯*StCYP734A1*表达量升高，打破休眠时，该基因表达量显著降低。本试验结果为进一步研究马铃薯*StCYP734A1*基因的功能提供了依据（图8.8）。本部分研究内容论文已在《分子植物育种》上发表。

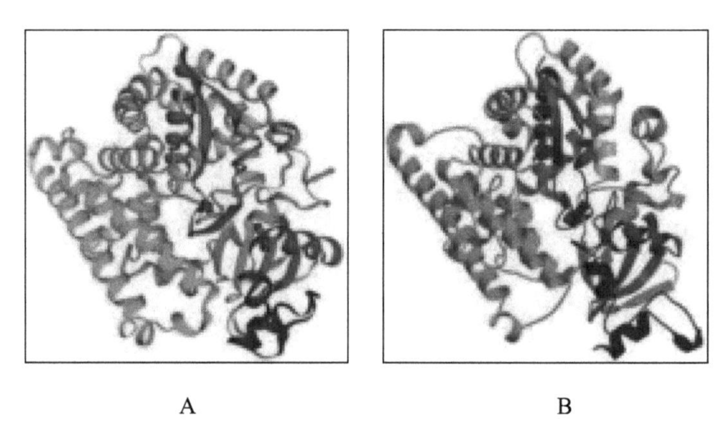

A B

图 8.8 马铃薯基因蛋白质三级结构预测（附彩图）

3. 马铃薯萌芽基因*StDWF1*的克隆及其功能研究

从马铃薯品种“费乌瑞它”（Favorita）试管苗中克隆到萌芽重要基因*StDWF1*基因全长序列，其中开放阅读框（ORF）为1704bp，编码567个氨基酸；DWF1的CDS序列在进化上表现为同科植物同源性较高，并归为一类。在不同组织（根、匍匐茎、老叶、嫩叶、茎及块茎）和不同生育时期的叶片表达分析发现，StDWF1与马铃薯植株生长发育密切相关，尤其是在嫩叶和叶片出苗期表达量最高。用含有pBI121-StDWF1过表达载体的农杆菌浸染马铃薯茎段，成功获得愈伤组织及再生芽；通过生根筛选及抗性标记基因npt Ⅱ PCR扩增鉴定，初步获得33株转基因株系；利用qRT-PCR检测转基因植株与对照植株中StDWF1基因表达量，结果是7号株系最高；对不同表达量株系表型分析，发现所有株系的侧根长势均优于对照植株。该研究部分结果已发表于《浙江农业学报》。

4.马铃薯休眠基因*StSN2*的克隆、定位及其表达分析

以马铃薯“川芋10号”（C10）为材料，克隆了*StSN2*基因，其开放阅读框为315bp，编码104个氨基酸。生物信息学分析表明该基因编码的蛋白质分子质量为11.04kDa，具有含12个半胱氨酸残基的保守区域，属于亲水性蛋白质；系统进化分析表明*StSN2*与番茄、辣椒、烟草的*SN2*基因亲缘关系较近。组织表达分析显示，*StSN2*在根、茎、叶等组织中均有表达，块茎中*StSN2*表达量显著高于其他组织，尤其在块茎休眠时水平最高。*StSN2*亚细胞定位在质膜和细胞壁上。

GA_3处理的块茎StSN2基因表达量在1天测定时低于CK处理，且在整个贮藏期低于CK处理，呈有规律的下降趋势，这表明*StSN2*基因可能参与了GA_3处理促进马铃薯块茎发芽；同样是缩短萌发期的BR处理，却在处理后1天内使*StSN2*基因的表达量上升了10%，在第3天表达量又开始下降，表明*StSN2*基因响应BR促进马铃薯块茎萌芽的机制可能与GA_3不同；ABA处理后的块茎*StSN2*基因表达量，先上升后下降，表明*StSN2*基因对ABA激素信号发生了响应，其结果是延长了马铃薯休眠，表明*StSN2*基因有可能通过调控激素信号转导过程来促进马铃薯休眠（图8.9）。本部分研究内容论文已在《生物技术通报》上发表。

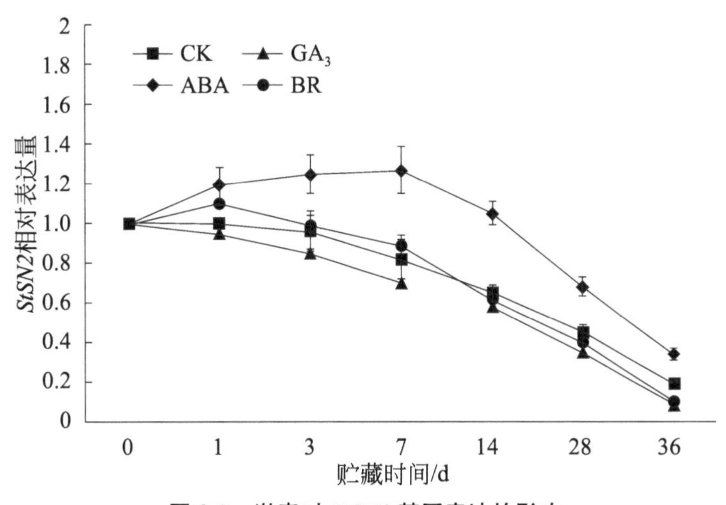

图8.9　激素对*StSN2*基因表达的影响

四、马铃薯优质种质资源保护与利用

凉山州马铃薯种质资源调研报告

马铃薯种质资源对马铃薯产业发展具有重大意义。科技小院团队硕士研究生梅猛等，通过调研四川省凉山州马铃薯种质资源现状、研究利用情况，发现凉山州目前推广使用品种主要包括杂交育成品种、实生种子后代推广筛选出的品种以及引种形成的品种。其中杂交育成的代表品种有“凉薯3号”“凉薯8号”“凉薯17”“凉薯30”“凉薯97”“川凉薯1号”“川凉薯2号”“川凉薯3号”“川凉薯4号”“川凉薯5号”“川凉薯6号”“川凉薯7号”“川凉薯8号”“川凉薯9号”“川凉薯10号”“川凉芋1号”“西薯1号”“西芋2号”。实生种子后代推广筛选出的代表品种有“凉薯14”“水葫芦洋芋”“内蒙古洋芋”等；引种的代表品种有“米拉”“大西洋”“会-2”“坝薯10号”“合作88”“抗青9-1”“青薯9号”“费乌瑞它”“转心乌”等。通过长期自然选择和人工选择，早期引进的马铃薯品种已适应当地自然环境和消费习惯，形成了独具优势的地方特色品种，并具有一定的区域种植面积。由于凉山州地理气候环境特殊，容易形成丰富多彩的地方品种，如“乌洋芋”“牛角洋芋”“山道花”“红麻皮”。值得注意的是，凉山州“乌洋芋”根据种植地区不同，有“布托乌洋芋”“昭觉乌洋芋”“喜德乌洋芋”之分，且表现性状各不相同，存在同一名称不同品种的情况。

针对目前凉山州马铃薯种质资源所处的环境变化剧烈、地方种以农户自留种为主、种质资源利用率低等问题，建议应建立种质资源库、扩大种质资源保护宣传、加大种质资源使用力度、加强种质资源研究深度，推动当地马铃薯产业循环发展。本部分研究内容论文已在《中国马铃薯》上发表。

第九章

我们不负韶华
砥砺前行

一、薯遇布拖：少年（四川马铃薯科技小院入住学生简介）

1.杨勇，四川农业大学2017级专业硕士研究生，来自山西省忻州市，本科就读于沈阳农业大学。2019年2月入住中国农村专业技术协会四川布拖马铃薯科技小院，布拖马铃薯科技小院首任院长，入住时长一年半。研究方向：马铃薯种薯休眠萌芽及采后保鲜。

2.蔡诚诚，四川农业大学2019年博士研究生，来自新疆维吾尔自治区乌鲁木齐市，四川农业大学农学专业本硕连读，2019年3月入住中国农村专业技术协会四川布拖马铃薯科技小院。研究方向：马铃薯营养、贮藏基础性及推广应用型研究

3.冉爽，四川农业大学植物学2019级学术型硕士研究生，来自四川省雅安市，本科就读于四川农业大学，农学专业。2019年3月入住中国农村专业技术协会四川布拖马铃薯科技小院。研究方向：马铃薯种薯休眠萌芽及采后保鲜。

4.黄涛，四川农业大学植物学2016级学术型硕士研究生，来自四川眉山，本科就读于四川农业大学，作物专业，2019年3月入住中国农村专业技术协会四川布拖马铃薯科技小院。研究方向：马铃薯种薯休眠萌芽调控和栽培研究。

5.彭洁，四川农业大学2015级博士研究生，来自四川省乐山市，本科就读于四川农业大学，植物保护专业，硕士研究生就读于四川农业大学，生物化学与分子生物学。2019年3月入住中国农村专业技术协会四川布拖马铃薯科技小院。研究方向：马铃薯休眠与萌芽分子机理。

6.王宇，四川农业大学植物学2017级级学术型硕士研究生，来自安徽

省安庆市，四川农业大学农学专业（本硕连读）2014级学生，2019年5月入住中国农村专业技术协会四川布拖马铃薯科技小院。研究方向：马铃薯块茎萌芽调控的分子机制研究。

7.唐梦雪，四川农业大学农学院农艺与种业2019级专业硕士研究生，来自四川省成都市，本科就读于四川师范大学，教育学专业，2019年6月入住中国农村专业技术协会四川布拖马铃薯科技小院。研究方向：马铃薯原原种繁育和块茎休眠期调控。

8.邓孟胜，四川农业大学2016级博士研究生，来自四川省成都市，本科就读于四川农业大学，中草药栽培与鉴定方向。硕士研究生就读于四川农业大学，药用植物学。2019年7月入住中国农村专业技术协会四川布拖马铃薯科技小院。研究方向：马铃薯休眠与萌芽分子生理及应用。

9.张杰，四川农业大学植物学2017级学术型硕士研究生，来自重庆万州，2019年7月入住中国农村专业技术协会四川布拖马铃薯科技小院。研究方向：马铃薯种薯块茎萌芽调控的分子机制研究。

10.徐驰，四川农业大学农学院农艺与种业2018级专业硕士研究生，来自四川省乐山市，本科就读于江西农业大学，农学专业，2019年8月入住中国农村专业技术协会四川布拖马铃薯科技小院。研究方向：马铃薯种薯活力调控及幼苗抗性。

11.梅猛，四川农业大学农学院作物方向2017级专业硕士研究生，来自云南省昆明市，本科就读于四川农业大学，植物科学与技术专业，2020年3月入住中国农村专业技术协会四川布拖马铃薯科技小院。研究方向：作物种质资源鉴定。

12.廖倩，四川农业大学农学院农艺与种业2019级专业硕士研究生，来自重庆市潼南区，本科就读于四川轻化工大学，生物工程专业，2019年8月入住中国农村专业技术协会四川布拖马铃薯科技小院。研究方向：马铃薯种薯活力调控与推广。

13.朱嘉心，四川农业大学农学院农艺与种业2019级专业硕士研究生，来自新疆昌吉市，本科就读于湖南农业大学，种子科学与工程专业，2020年3月入住中国农村专业技术协会四川布拖马铃薯科技小院。研究方向：马铃薯设施贮藏与推广。

14.左植元，四川农业大学农学院农艺与种业2020级专业硕士研究生，来自四川省巴中市，本科就读于中国人民大学，法学专业，2020年6月入住中国农村专业技术协会四川布拖马铃薯科技小院。研究方向：马铃薯储藏与市场推广。

15.朱凤焰，四川农业大学农学院农艺与种业2020级专业硕士研究生，来自安徽省安庆市，本科就读于南京农业大学，现代农业管理专业，2020年6月入住中国农村专业技术协会四川布拖马铃薯科技小院。研究方向：马铃薯贮藏调控与控芽保鲜。

16.黄敏敏，四川农业大学农学院农艺与种业专业2020级专业硕士研究生，来自四川省宜宾市，本科就读于四川农业大学，应用化学专业，2020年7月入住中国农村专业技术协会四川布拖马铃薯科技小院。研究方向：马铃薯休眠萌芽机制。

17.冯豪杰，四川农业大学农学院农艺与种业2020级专业硕士研究生，来自河南省新乡市，本科就读于四川农业大学，植物科学与技术专业，2020年8月入住中国农村专业技术协会四川布拖马铃薯科技小院。研究方向：马铃薯贮藏与市场推广。

18.刘石锋，四川农业大学农学院2020级植物学博士，来自河南省许昌市，本科就读于周口师范学院，生物科学专业，硕士就读于重庆师范大学，植物学专业，2020年12月入驻中国农村专业技术协会四川布拖马铃薯科技小院。研究方向：马铃薯休眠调控机理的研究。

二、薯遇布拖：前行（中国农村专业技术协会布拖马铃薯科技小院故事）

岁月悠长，前路可期

徐驰

夜暗方显万颗星，灯明始见一缕尘，渺小的我何其有幸身边能有你们的陪伴，感恩科技小院平台，感恩师门与我坚守于科技小院的长久时光。2020年我在布拖马铃薯科技小院度过了人生中特别的一年，这已经是我伴随科技小院的第二个年头了。至此，大半研究生时光我都在布拖度过了。这一年我也有了角色的转变，随着师兄师姐毕业，科技小院新一年的工作需要我作为牵头人承担下来。这一年参加了多次会议，在会前汇报时，我会很自豪地向各位领导、老师、同学们介绍：我是入驻中国农技协四川布拖马铃薯科技小院的徐驰，因为这一特别的身份对于我们每一位入驻的同学都是肯定，它对于我们都有着特别的含义。

很荣幸大多时候能由我代表四川布拖马铃薯科技小院的同学们来汇报我们在入驻科技小院期间的收获与感受，今天也将其书写下来。我们的科技小院坐落在四川省凉山州的布拖县，布拖虽是脱贫攻坚中的重点县，但也有其特有的优势。在布拖，马铃薯是主粮，种植面积占到了耕地面积的2/3，有着得天独厚，适宜马铃薯生长的条件，但当地种植技术落后等原因造成了马铃薯病害严重、产量低等多方面问题，极大地限制了当地马铃薯产业发展。在此背景下，经过中国农村专业技术协会的多次调研考察，最后选择了在布拖建立了四川布拖马铃薯科技小院，也是四川省科学技术协会直接领导下首批授牌的科技小院之一。在科技小院建设期间，四川省科学技术协会经戈副主席、郑俊部长等先后来到科技小院，解决我们在彝语翻译、试验材料处理、调研工作上的困难。我们学生在科技小院的工作主要是参与依托单位雾培原原种及露地马铃薯的生产，还需要去到各乡镇中进行调研，科普培训。但是入驻科技小院后，布拖的现实状况，和我想象的还是有很大差别。

在入驻期间我们发现企业开始生产脱毒种薯来解决马铃薯退化问题，但是结薯量很低，还远远满足不了整个县的种薯需求；乡镇中马铃薯种植品种很单一、病害严重，造成田间损失很大。同时农户收获后完全没有合理贮藏意识，进一步加剧了马铃薯发芽与腐烂，当面临这么多需要解决的问题时，我有点开始打退堂鼓了，会怀疑仅靠我们一群学生如何来解决。可是当深入到农户家，和他们交谈的时候，即使语言不通，但是会看到他们特别质朴的笑容，特别是看到他们，期盼我们能帮助到他们的眼神，真的让人动容。几乎我们走访的每一户人家，即使家里再贫困，都会很热情的招待我们，家里就算没有什么其他东西，现烤上几颗土豆就是最好的款待了，那一刻心里是真的愿意留下来了。我的导师王西瑶老师也鼓励我们大胆干，因为我们不是一个人在战斗，我们背后还有科协给我们强有力的支持。于是我就没那么怕了，这时候是真的希望能通过自己的努力为他们的生活带来一点点改变。

2020年3月我们组成了抗疫情保春耕小分队，赶到科技小院开始抢种雾培定植苗，田间马铃薯中耕再起垄。四川省科协也为我们争取了经费，让我们有针对地解决病害，对受冻马铃薯，详细记录受害情况，筛选抗低温品种。经过漫长的两年时光，可以说我们在布拖马铃薯全产业链建设上，跨越了一大步。首先是种薯，针对雾培原原种发现的问题提出调整营养液配比、pH值的建议，加上合理安排种植时机，第一年，我们使园区雾培产量翻番，为企业直接增收近两百万元，第二年我们，拓展基质繁育能力，争取扩大到1700万粒的年产能，三年内能覆盖整个布拖县的种薯需求。

种薯生产没有问题了，马铃薯品种如何选择呢？当地农户爱吃的“米拉”黄洋芋，田间腐烂率高、产量低。于是我们前期筛选了两个优质高产品种，为了向老乡展示。今年省科协为我们提供了经费，让我们直接在园区进行了高产示范栽培试验，最终测产数据，直接在布拖平均产量上翻了一番还多，并且还有提升空间。产量提上来了，到底好不好吃呢？于是我们邀请到了农户们和我们一起来进行品尝，进行食味品质鉴定，给我们的洋芋打分。试验统计结果，完全可以媲美当地农户喜欢的黄洋芋，而且周围的农户们开始给我们讨要种薯，希望自己家也能试种一下。

品种整体推广普及还有一段距离，但在马铃薯生长盛期，在布拖田间我们看到黑快快的一大片全是病害，农户们长久以来只觉得那样是可以收获了，完全没有防治意识。于是去年我们向布拖县委县政府提交了晚疫病统防统治建议，今年开始实施了一万亩，我们参与到无人机型号选择、机手培训、药剂配制全过程的工作中，今年布拖已经避免由马铃薯重要病害带来的直接经济损失上百万元，同时我们也在今年也继续总结经验问题，形成了新建议。而老乡们收获后的贮藏也是大问题，毫不夸张，我们看到农户家土豆发芽最长的甚至超过了1米，于是我们在科协前期工作的基础上，直接在农户家开展商品薯贮藏试验，效果也很理想，带来的商品薯直接减损5%以上。依托单位的贮藏设施库，通过我们适时的调整温湿度、摆放方式等措施，使损失由30%降低到5%以内。除此之外，我想直接在乡镇中设置增产试验，让农户更直观地看到效果，于是科协和我们一起找到合作社对接，但毕竟还是关乎自己家收成，大家还是有所顾忌。这时候一位经常在园区工作的阿姨，她对我很熟悉，平时把我当成自己女儿一样，因为看过我们在做的事，她很相信我，毫不犹豫地拿出自家的地，还召集周围5家农户参与我的试验。因为阿姨的这份信任，虽然平时我得背着喷雾器走半个多小时才能到村，但是一直充满着干劲，当然最终结果也没有辜负阿姨的信任，可以骄傲地说出今年我为每户平均每亩增产了200斤以上。

在科普培训方面，我们在下乡开展工作时，发现当地彝族占比95%以上，并且很多人也只是会听、会说，也不会看和写彝语，于是经过与科协领导们沟通，他们为我们请到了彝语专家。于是我们开始制作汉语、彝语双语的科普视频。可是视频做好了，没有机会播放怎么办，我们又想到了下乡放电影。在丰富农户文化生活的同时也增加培训乐趣。科协有科普活动，我们会一同参与，充当布拖当地的讲解员、开展马铃薯趣味课堂等活动，也邀请小朋友们来到园区，参与我们设置的试验，在这个过程中也在他们心中播下了科学的小种子。根据试验结果，我们在解决实际生产问题的同时，也与当地领导一同将结果形成研究论文，展现科协下的的科技力量。

在收获成效的同时我们也得到了社会各界的关注与支持，有柯炳生理事长的调研关心，中央宣传部、新华社等的报道宣传，还有四川省委组织部、四川农业大学领导老师的鼓励和关怀，同时对口帮扶布拖的绵阳市委书记元方书记，也赞扬科技小院有大作为。不仅四川农业大学的庄天慧书记、吴德校长点名表扬科技小院，四川省委书记彭清华书记来到科技小院之后也为科技小院同学们竖大拇指，鼓励我们把论文写在产业中、大地上，再次给我们鼓足了干劲。

于是我们没有就此停下脚步，我们的新目标是，要让现在脱贫的布拖不返贫，进一步打造布拖的农文旅结合，推动乡村振兴。在马铃薯产业链前端，我们向依托单位提供组培室的建设方案，进行马铃薯科研中心建设规划设计。在产业链后端，在建成加工厂解决马铃薯的销售问题后，还将在布拖建立马铃薯博物馆、大地景观等延伸内容，今年也在布拖试种成功五色油菜、新品种水果、蔬菜。

因为我们可以常驻，可以参与马铃薯种植、收获到售卖的各个环节，可以全程式的解答农户们的疑问。让我感触最深的是因为我们不断地向农户阐述脱毒马铃薯的重要性，也让他们看到了实际效果，现在种植大户们开始接纳原原种，不怕种植原原种以后的马铃薯不好吃了。这让我们奋斗的方向更加明确了，虽然接下来的工作肯定也不会一帆风顺，但我们却比以前步伐更加坚定了。这一路有烦恼也有收获，胜固欣然，败亦可喜。岁月悠长，前路可期，现在布拖贫困的寒冰已经逐渐消融，但前路浩荡，仍不敢止步，科技小院将再陪布拖收获新兴产业的春风！

能不能给我一首歌的时间

朱嘉心

无论在什么样的年纪，都有一首歌陪着你，那一首歌让你瞬间安静或是激动，它会映射你在不同的年纪干的某件事；它会留住某年某月某天空气中的味道；它可能见证了你成长过程中一路的幸福。所以我想分享给你我的《布拖马铃薯科技小院歌单》，一起来听听我的故事。

最美的期待

那是2019年6月30日，还没有正式入学的我作为一个准研究生来到课题组学习，两天后就去参加了中国农技协四川科技小院工作进展交流会，“科技小院”这个词第一次进入了我的生活，我与科技小院的缘分之路也就此开启。在交流会上四川各科技小院负责老师以及入驻过的师兄师姐们做了工作汇报，总结了上半年的工作成效与下阶段的工作计划，还见到了和蔼可亲的柯炳生校长。此次交流会让我对科技小院有了大概的了解，对新鲜事物充满好奇心的我，去布拖马铃薯科技小院成了我最美的期待。2019年7月31日我终于如愿来到了布拖马铃薯科技小院，果然亲身体验和听说的感受完全不一样。布拖县的现实情况与我想象中有一定的差距，越是这样我们在科技小院入驻的意义越是重大，背负着使命的我正式踏上了布拖马铃薯科技小院的路！

慢慢喜欢你

研究生一年级下学期由于疫情学校开展线上教学，我们就正式开始长期入驻布拖马铃薯科技小院，不知不觉我已经入驻200天了。

入驻的这段时间，在依托单位，我们负责管理雾培原原种，采用茎尖脱毒组织培养等生物技术，在严格控制病毒感染条件下生产的无病毒微型马铃薯称为“原原种”。脱毒复壮的原原种经扩繁出“原种”“生产种薯”，提供给种植户，才能使农民改变现状，获得高产、优质的马铃薯，取得良好的经济效益。我由于前期工作经验不足，在刚开始管理雾培大棚过程中也经常出现一些问题，例如对温度把控不足、大棚人员进出管理不严格等等。我常常想：“管理大棚，大到整体设施的维护，小到每一株雾培苗的检查，都需要时间与耐心，但看着这些雾培苗日益拔高、变得粗壮，就像看着一个小宝宝长大成人一样！”看到苗子越长越我的内心充满了欣慰与喜悦。

平时我们经常去下乡调研、做培训，从刚来的时候不敢与本地村民接触，到现在和农户成了好朋友甚至亲人，农民阿姨们亲切地叫我们女儿，去他们家里会给我们烤玉米烤土豆吃，坐在一起畅谈说笑、其乐融融。我们针对生产中发现的田间问题也设计了一些试验以及马铃薯贮藏试验。现在我们长期入驻的三名研究生毕业论文题目都是针对在调研中发现的问题而进行的，真正做到了“将论文写在大地上”。平时我们也会协助依托单位种植管理各种蔬菜、水果和花卉，积累了多方面的经验。

慢慢生活，慢慢变好，慢慢喜欢上科技小院。

奇妙能力歌

就像唐僧西天取经经历九九八十一难，孙悟空练就了一身本领一样，入驻科技小院期间我们也获得了很多奇妙的能力。在四川省科协主办的科普进校园活动中，我们给小朋友们讲解了基础物理化学生物小知识；还为布拖县特木里小学的孩子们带来了一堂别开生面的趣味马铃薯的课程；依托单位种植的桃子成熟了，我们还摘下来运到街上售卖，用大喇叭喊着："新鲜水蜜桃，十块钱三斤，机不可失失不再来！"；大棚里水管漏水了，我们三个女孩二话不说撸起袖子，徒手修起了水管；自己亲手种出来的马铃薯成熟了，亲眼看见了比我脸还大的巨型马铃薯，单个薯重达到了1000g；在科技小院入驻很久不能回家，我也会想念家乡的味道，于是入驻期间有空闲时间就会潜心研究美食，厨艺大涨，今年寒假回家我可以为父母做一顿大餐；不仅如此我们科技小院还有特色纪念品，为了制作纪念品我还学会了做植物标本，绞尽脑汁设计排版让我体验了艺术家创作的艰辛；我作为一个驾照到手四年从来没开过车的老司机，现在可以骑着三轮车和电动车驰骋在田间地头和大街小巷，依托单位为了满足我们的需求还给我们配备了植保无人机，现在常开玩笑说"不会开植保无人机的厨师不是好三轮车驾驶员"。当然还有语言表达能力的提升，平时会给领导和老乡讲解展板，下乡与村民们沟通，锻炼了我的胆量，面对记者们镜头和采访时我也仅有一点点紧张啦。我还自豪的转发报道布拖马铃薯科技小院的新闻到家庭群和同学群，激动地告诉大家我上新闻了！

夜空中最亮的星

白天工作没有完成，晚上加班也是常有的事，布拖晚上十二点的星空，真的很美。记得有一天傍晚我们去旁边的村里给小朋友们放电影，因为是投影必须等天色暗下来才能看到，刚放了不到一个小时天就已经非常黑了，但还有很多小朋友看得津津有味，村庄里也没有路灯，气温也开始下降，我们担心孩子们的安全就无奈暂停了电影，看到孩子们依依不舍的眼神，仿佛在说："姐姐姐姐，你们什么时候再来呀？"我内心很愧疚，大一点的孩子们非常懂事，人们散了他们留下来帮我们收拾东西清理垃圾。这也是让我非常愧疚和牵挂的事，从那一次放电影后由于天气转凉，我们日常工作繁忙，答应孩子们继续放完电影的后半部分也一直没有机会。但今年夏天一定还会与他们相见。

有一分热，发一分光；就如萤火一般，也可以在黑暗里发一点光，不必等候炬火。此后如没有炬火，我便是唯一的光。愿我们在布拖马铃薯科技小院闪闪发光。

薯与布拖

廖倩

提到布拖，大家会想到什么呢，火把节？乌洋芋？还是阿都文化？布拖隶属于四川省凉山彝族自治州，是彝族阿都聚居的高寒山区半农半牧县，更是彝族火把节的发源地，素有“中国彝族火把文化之乡”“火把节的圣地”的美称。但同时在新闻联播上，常常与“布拖”一起出现还有另外一个词语——“脱贫”。由于布拖地处大凉山腹地，是乌蒙山连片特困地带的核心地区，全县约20万人口，农业人口就占到了总人口的93%，农业生产效率低、生产技术落后，是典型的边远贫困农业县，更是国家扶贫开发工作重点县，贫困问题突出，脱贫任务艰巨，所以才会有“四川脱贫看凉山，凉山脱贫看布拖”这样一句话。

布拖当地彝族同胞祖祖辈辈以马铃薯为主食，马铃薯种植面积高达21万亩，是布拖县重要的粮食作物与经济作物，但是，全县马铃薯生产技术落后，配套安全贮藏技术缺乏，严重制约着全县马铃薯产业的发展。为了改变这一现状，2018年，在中国农技协主导下，由四川省科协组织运筹，以四川农业大学、四川省农村专业技术协会、中国农业大学为共建单位，以布拖县布江蜀丰生态农业科技有限公司为依托单位，建立了布拖马铃薯科技小院，就是为了实现“让彝族同胞吃上不发芽的马铃薯”这一质朴的愿望。

在科技小院里，我们主要负责的便是与马铃薯相关的工作，第一点就是雾培原原种的管理。从组培苗的炼苗、移栽到叶面保水、覆膜保温，每一项我们都一起操作、管理。看着我们亲手栽种的马铃薯幼苗像小孩子一样一天天长大，最后结出丰硕的果实，我们内心的喜悦是无法用言语来表达的。在种植到收获这段时间，雾培大棚的马铃薯也会像孩子一样生病不舒服，这时我们就要充当医生，给它们治病。马铃薯植株生病了或是被虫子咬了，我们就给它们开些药，让它们早些好起来；抽水泵有时候不高兴就会罢工，我们就需要充当知心姐姐帮它们舒缓放松，顺便给过滤器洗个澡，还它们一个干净整洁的面貌；管道的腿脚不利索了，我们就给它们贴上“膏药”，立马就见效了。

忙碌的工作是会有回报的。我们终于迎来了收获的日子，将小土豆分次采摘下来，再运送到贮藏库进行摊晾，而后将腐烂的原原种淘汰掉，再对完好的脱毒原原种进行分级、计数，最后装袋入库储藏，贮藏库也需要一直保持低温环境，这样原原种才能安安静静地度过整个冬天而不发芽。这就是马铃薯脱毒苗的一生，在我们的精心培育下不断结薯，最后迎来大丰收。

马铃薯原原种是我们平时种植的土豆的爷爷辈，所以我们需要将原原种种下去，得到原种，再将原种种下去，这才能得到种薯，这便是“三级良繁体系”的具体内容，通过这一体系将马铃薯的优良性状持续下去，同时保证马铃薯增产稳产。当然我们在科技小院一定要做的就是种马铃薯，从播种到施肥、去除杂株、病虫害防治，最后收获，只有这一系列的工作都亲自去干了之后，才能体会农民的不易，也才能从这些生产环节中发现问题。在发现问题之后，我们便通过查阅文献、寻求专家团队的帮助并按照科学的方式来设计实验，通过客观的数据来分析问题所在并解决它，这是身为农学研究生所需要做的工作，也是我自己想要达到的成就——“将论文写在大地上”。

在科技小院，我们不只是种马铃薯，还种奶白菜、上海青、大蒜等蔬菜，这是为了增加土地的利用率。布拖的土地在土豆收获后就闲下来了，有的村民会种萝卜，将其作为过冬的食物或者用作饲料，但是大部分的地还是空着的，我们便想着做一个有关马铃薯与蔬菜的轮作实验，通过种植不同种类的蔬菜来筛选适合在布拖种植的品种并向村民推广，从而增加他们的收入。在科技小院我们真正地成为农民，在田里进行劳作，从蔬菜育苗到土地的翻耕、起垄，从移栽浇水到蔬菜苗的施肥，我们都一直在地里行走着。收获是一件令人愉悦的事，特别是当我们享受丰硕的成果时：上海青和奶白菜的口感都特别棒，用来清炒或是煮火锅都别有一番滋味；樱桃萝卜送到食堂进行加工，做成了泡萝卜，经过厨师神奇的双手，樱桃萝卜口感酸甜适中，微辣带咸，味道很棒。

此外我们还兼职了公司的一些其他蔬菜管理工作，包括莴笋、番茄、西葫芦和芦笋等。在蓝莓、桃子收获的季节，我们又充当了采摘员、包装员，协助园区进行各种水果的采收与包装，陪园区一起度过最忙碌的日子。

在工作之余，我们也会给自己寻找娱乐活动，来放松我们的心情，所以我们开始了抖音的拍摄，用来记录和分享我们的工作和生活。同时我们也在进行科技小院周边的制作，自从买了制作干花的工具后，我们每次看见漂亮的花草就会想到它制作成干花一定很好看，从此无法自拔，制作相框、书签、钥匙扣等，当作科技小院的纪念品送给到科技小院参观的各位领导和老师们。周末我们还会相约一起去爬山，看看周围的风景，拓展一下视野，既能锻炼身体，也能保持愉悦的心情。

布拖马铃薯科技小院从无到有，从开始一个空空的小房间，到现在仪器设备基本齐全、功能完善的工作室，都离不开中国农村专业技术协会、四川省农村专业技术协会、四川省科学技术协会、凉山州科学技术协会以及布拖科学技术协会领导的关心与帮助，中央宣传部、新华社等的报道宣传，还有四川农业大学的领导和老师们的鼓励和关怀，以及在科技小院坚守工作的同学们的努力。而我自己也因为科技小院成长了许多，从一个爱哭鼻子的小女生成长为现在能够沉着应对各种事件的大人，这都要感谢科技小院的各位老师和师兄师姐还有师弟师妹的帮助。谢谢你们，陪我走过这段艰苦却又满是芬芳的道路。

晓看天色暮看云，行也思之，坐也思之

——记在布拖马铃薯科技小院的日子

冉爽

我一直都很信奉一句话：每一段经历都是独特的，所以要用心去感悟和学习，每个人身在其中，都会领悟到不同的人生真谛，写下属于自己的独一无二的故事。

2019年3月初，王西瑶老师派我和师兄一起前往布拖马铃薯科技小院入驻学习，说走就走，我拎着一个小小的行李箱，在朋友圈写道："出发，搬砖去，激动"。那时对于这段行程没有太多的预设，一切都是未知的，凭着从旁人那里了解到的零星印象，就这样踏上了行程。只记得当时意气风发，像一个战士终于等到有用武之地之时，只盼望能闯出一片天地。那天坐了一天的大巴傍晚才到西昌，第二天又早起坐上大巴赶往布拖，看过了清晨的雾海，也看过了半晚的繁星。大约是天生对于未知的事物有着无穷的好奇心，也大约是因为肩上第一次有了一种叫作责任的东西，布拖这样带有民族色彩的地域所散发出的神秘感，极大地激起了我的冒险精神和斗志。

随着时光慢慢流淌，我在布拖一边工作学习，一边观察当地人们的生活，导师总说布拖是一个没有硝烟的战场，也无数次听见布拖和脱贫攻坚这样词语连在一起，但我从未想过有一天自己可以参与这场战役，也没有想过自己可以为他们做些什么。初到布拖的日子，我时常感到失落和沮丧，因为我并不明白我的作用是什么，我能做些什么，看见身边的人忙忙碌碌，我陷入一次又一次的迷茫，第一次深刻地明白了纸上谈兵这个词语

的意思，也第一次在脑海中思索自己人生的价值。

我能做些什么？在导师的启发促成下，借助科技小院平台，同实验室的同学们一起精心策划，我们开启了一段不一样的社会实践。

2019年7月，我们正式出发，同“薯遇布拖”和“寻梦者”两支小分队一起前往布拖，开展社会实践。“薯遇布拖”小分队主要在各村各单位奔走，发放调查问卷，采访扶贫干部，开展技术培训；“寻梦者”支教小分队在特木里小学干得热火朝天，和小朋友们打成一片，带他们看看外面更美更宽广的世界。时间飞快，暑期过去大半，我们的实践活动也结束了，如今说起，感觉轻描淡写地就过去了，但是每每想起在社会实践期间，我的队员们，一群20岁上下的本科生，熬了那么多夜，吃了那么多泡面，摔了那么多跤，走了那么远的路，我都感觉这种经历很充实。认真想起来这段经历，它带给我们的是感动，惊喜，辛酸，也有很多成就感。

支教结束离开的那天，好多同学都哭了，不过这次是因为不舍，尽管只有短暂的18天时间，但是用心经营的这段时光，用心呵护的这群小朋友，早就在我们的心中种下一颗种子，萌芽生根，但是现在陪伴的这段旅途走完了，我们该分开了。队伍里面有个男生，1米8的大个头，上车离开时发了一条消息，他说：“憋了一上午，最后却因为一个拥抱泪如雨下。”

2020年11月再次来到布拖，再次回访特木里小学，这里的变化真的好大，新修的校舍屹立在漂亮的操场旁，教室里配备上了现代化的教学设备，还有各地援助的优秀教师带着小朋友们在操场上进行课外活动，嬉闹声，口号声，音乐，阳光，笑容，一圈圈地环绕着我。欣慰，感动，快乐油然而生，看得见的希望带给人无穷的力量。在操场等待时，遇到两个之前参加了我们支教活动的小朋友，他们问我“小冉姐姐，你回来了啊！”熟悉的亲切感，纯粹的质朴，我明白了所做的这一切的意义。

我想这样复杂的感受真的只有经历过才会明白，在这个故事里，我们不再是观众，而是主角。社会实践已经结束，但科技小院的工作仍在继续，未来，我们还会在布拖继续奋斗，我们的故事也会继续书写下去，突然有些好奇，下一段旅程又会有怎样的收获呢？又突然凝重，似乎得开始再度思考，以后又能为他做些什么呢？离开的日子，回想起在布拖的日子，晓看天色暮看云的生活，行也思之，坐也思之。

我和科技小院的故事，科技小院和布拖的故事，用一段很喜欢的话来表达一下希冀，保持冷静，继续前行！

已将书剑许明时

刘洁

2020年11月，我第一次来到了布拖马铃薯科技小院，并了解了许多科技小院周边的村庄、学校，感触颇深。就如央视农业农村频道的米粒记者在拍摄时所说的："与科技小院相比，学校更像一个象牙塔，里面是知识与理想的温床；而科技小院，是扶贫一线，是知识与理想的实践地。"没来这里时，我通过网上的各类报道就已经震惊于当地居民还在以发芽的马铃薯为食。来到这里后，我微微地有一些理解。但是从村子回科技小院的路上，我渐渐释然，因为我看到政府盖起的楼房、看到新修的平整的道路、看到逐渐完善的基础设施、看到扶贫一线的领导与老师、看到科技小院……没错，日子会渐渐好起来的，有国家的帮助，有政府的帮助，有农技协的帮助，还有科技小院的师生。我们是希望！有希望，就有奔头，就有未来，布拖就会照更好的未来前进！

2021年2月，我再一次来到科技小院，又有了很多不一样的感触，学习了很多知识，也掌握了一些实际生产上的技能。来这里的第二天，我和廖倩师姐、冯豪杰同学跟随王克秀老师前往后山勘察地块，计划协助园区将老师带来的原种及原原种种下，在这期间老师们讲了很多关于各种肥料施用的知识，我受益良多。最典型的一个例子便是有机肥的施用，根据有机肥的类型来确定施用方式：颗粒型有机肥可以直接机械施肥；粉末型则不能用机械施肥，因为它会造成出料口堵塞，所以粉末型有机肥是利用全田撒施的方式来进行施肥。此外，我还学到了农药喷施相关知识，王老师告诉我们，农药喷洒的时间间隔不要太长，否则会造成虫类或者病菌迁徙，而且不能长期喷洒同一种农药，要换着用。但科技小院喷施农药的无人机只有一台，无法在短时间内完成喷施，不过这些问题总会有解决的办法，因为还可以结合打药机和人工喷施。

后山有一千六百亩土地，非常壮阔，整个布拖县城就像大山里的一块平地。我们课题组的实验就有一部分在这边开展，一次我跟师姐去后山考察实验的途中，发现当地的村民赶羊到我们试验田下面的土地放羊，因为考虑到羊群后期可能会把我们播种的土豆刨出来吃掉，我们对村民进行了劝说，他们也同意不在这边放羊。在后山，我还学习了很多实验室里几乎学不到的东西，比如地膜残留的危害，会危害土壤、作物以及动物家畜等；再比如关于试验地的边缘要种保护行，主要是为了防止试验区受到人或畜禽的践踏或损害、消除试验区的边际效应。

我相信，随着我在这边工作生活时间的延长，我的感悟也会越来越多、知识会越来越丰厚、情怀也会越来越深厚。布拖是一片孕育希望的厚土，我们会在此茁壮成长，直至绿树参天、郁郁葱葱。

以梦为马，莫负韶华

左植元

距离第一次听到科技小院这个名字已经过去两个多月了，它出现在我与我的研究生导师文涛老师的交谈中。当时我并不了解科技小院，我只知道文涛老师说这是一个可以学习马铃薯知识的基地，以后我会在科技小院和四川农业大学这两个地方进行工作和学习。

当文涛老师邀请我加入四川“科技小院”工作群后，我看到了科技小院同学每天写的日志。日志内容精彩纷呈，有同学们所遇到的问题，以及如何解决这些问题；有分享学到的新知识、新技能；有正在进行的科普宣传等。在各级科协和农技协领导的鼓励下，科技小院的同学们英姿飒爽，让我十分期待能够加入这个大家庭。同时，我还发现四川目前已经有很多个科技小院了，比如：布拖马铃薯科技小院、会理石榴科技小院、眉山鹌鹑科技小院、安岳柠檬科技小院、浦江果业科技小院等。为此，我特意查询了我将要前去的布拖马铃薯科技小院的地址。导航显示布拖县到巴中市786公里，虽然觉得有一些远，但我还是迫不及待地想要了解布拖县，了解这里的历史文化；了解这里的风土人情；了解这里的发展现状。

布拖是彝族火把节的发源地，素有“中国彝族火把文化之乡”“中国彝族火把节之乡”“火把节的圣地”的美称。作为四川唯一一个地处高山的科技小院，布拖县的最高海拔是3891米，最低海拔是在535米，布拖县城的平均海拔是2385米，其地貌可概括为：“三个坝子四片坡，两条江河绕县过，九分高山一分沟，立体气候灾害多。”正是这种高山气候，特别适合种植马铃薯。

在询问师姐来布拖的注意事项后，我整理好行李，整装待发。吃完午饭后，我背着双肩包，拉着行李箱，向我还在襁褓中的九个月大的宝宝左曜榕和妻子刘羽寒告别。为了布拖县脱贫攻坚和乡村振兴；为了布拖县马铃薯全产业链的发展；为了充分发挥布拖马铃薯科技小院的帮扶作用。我选择了离开妻子和孩子，背井离乡，希望能够用自己所学的专业知识为当地老百姓做点事情。

在车上远远望着蓝蓝的天空，白白的云朵，再看看身旁那绿油油的一片片马铃薯和玉米地，我感觉我完全忘却了路途的疲惫，整个人都神清气爽，可能这就是大自然的魅力吧。到达布江蜀丰生态农业科技有限公司后，在廖倩师姐和朱凤焰同学的带领下，我简单收拾了行李，就和科技小院的同学一起前往苏呷村记录师姐之前进行的CK清水和EBR植物外源激素处理后马铃薯的株高和茎粗的数据。然后师姐们还采摘了不同颜色的小花做成标本，为科技小院的周边增添色彩。接着廖倩师姐给我和朱凤焰讲解了马铃薯雾培大棚的相关知识，比如：风机要和湿帘一起开，才能起到降温的效果；太阳出来了就要把遮阳网打开；顶窗一般在晴天打开；每天要定时检查水泵是否缺水；如何调整终端控制器的时间并观察薯苗的生长情况等。随后师姐们又带我熟悉了园区的环境，来到科技小院的第一天竟是如此的充实而美好。

白驹过隙，日光荏苒，目前我来到布拖马铃薯科技小院已经接近两个月了。在这期间，我测绘了布江蜀丰生态农业科技有限公司后山1800亩马铃薯和蔬菜基地；学习了马铃薯雾培大棚的日常管理和露地马铃薯的种植方式；调研了布拖县马铃薯产业发展情况；向农户科普了马铃薯的规范种植技术；了解并协助管理了园区的其他作物；体会到了各级科协和农技协领导、学校师生对布拖县老百姓福祉的关心；懂得了布拖马铃薯科技小院存在的意义。之前从布拖马铃薯科技小院负责人王西瑶老师、植保站廖为站长、科教站欧才龙站长、农技站赵汝斌站长、苏呷村第一书记阿布、各则村村长麻卡日聪、各则村合作社社长麻卡有聪等处了解到，要发展布拖的经济，就必须发展布拖的产业，而马铃薯产业在布拖县属于主导产业。当地老百姓对学习马铃薯现代种植技术、防治病虫害、扩大种植面积积极性不高。主要是因为他们没有销售渠道，种出来的马铃薯，大部分都自己食用或者喂牲畜。所以只有促进布拖马铃薯的全产业链发展，老百姓才能真真正正获得经济效益，得到实惠，才会激发他们种植马铃薯的内生动力。

为此，我和布拖马铃薯科技小院的同学将共同为了布拖马铃薯产业发展，砥砺前行，发挥科技小院、科协、农技协以及专家团队的优势，打通农业推广的最后一公里，把论文写在大地上。解决农民之所忧，解决农民之所虑。我也将充分利用之前我经商的经验，在马铃薯储藏、加工、设计、营销等方面献计献策，争取早日把布拖打造成全国马铃薯之乡。我希望这里的老百姓年年有余钱，家庭幸福，生活温馨，脸上时时都洋溢着灿烂的笑容。

我与布拖的情缘

冯豪杰

布拖县位于凉山州东南部，距州府西昌110公里，北靠昭觉，南接宁南，西连普格，东以金沙江为界，与金阳、云南巧家相望。作为“一步跨千年”的直过民族地区，布拖县是国家扶贫开发工作重点县、乌蒙山连片特困地区的核心区、四川省大小凉山综合扶贫开发重点地区。“科技小院”则是建立在生产一线（农村、企业）的集农业科技创新、示范推广和人才培养于一体的科技服务平台。以研究生与科技人员驻地研究，零距离、零门槛、零时差和零费用服务农户及生产组织为特色，以实现作物高产和资源高效（双高）为目标，引导农民进行高产高效生产，促进作物高产、资源高效和农民增收，并逐步推动农村文化建设和农业经营体制变革，探索现代农业可持续发展之路。

本科读书时就曾在课程中听老师讲起布拖县建立了一个科技小院，老师初次提起只是跟我们讲科技小院是一个实验基地，是一个理论与实践相结合的绝佳场地，但是我还未曾想到今后我也会加入其中。2019年作为四川农业大学植物科学与技术专业的本科生，我踊跃报名，参加了布拖的社会实践活动。清晰地记得当时在王西瑶等老师的带领下，一路参观学习，两天的路途最终来到了四川布拖马铃薯科技小院。这是我与科技小院的初次见面，这时我才知道布拖马铃薯科技小院是在中国农技协主导下，由四川省科协组织运筹建立起来的，以布拖县布江蜀丰生态农业科技有限公司为依托单位，由四川农业大学、四川省农村专业技术协会、中国农业大学共建，旨在全面推进布拖县马铃薯产业，保障全县人民粮食安全。一天参观下来除了感慨园区的美丽，更多的是对科技小院这种新模式的思考，这种实实在在的农业推广模式才是真正的“将论文写在大地上”。与科技小院简单的接触后我就又回到学校开始了正常的学习生活。

2020年，我考上了研究生，研究生导师是王西瑶教授。开启了我的研究生生涯，听到大家议论最多的就是，“冯豪杰以后肯定要常驻布拖了。”布拖生活条件不如成都好，每每大家说起这个话题我的心里就在打仗：一方面是以后要艰苦的读书了；另一方面是自己确实想做农业推广。最终，我向王老师提出了申请：“王老师，我要入驻布拖马铃薯科技小院！”庆幸的是，王老师爽快地答应了我，我也很快地再次来到了科技小院，到达园区后的第二天，我就开始实地工作，我走遍了后山的每一块土地，劳累并快乐着。我也赶上了收获时期对引进的13个马铃薯品种进行的评比实验，我们组织当地群众品味鉴赏，在不知道是何品种的情况下，当地彝族同胞一致认为‘云薯108’口感较佳，他们评价其口感超过了当地的黄洋芋，听着他们的赞叹声，想到‘云薯108’不仅品质好，产量也高，感觉课题组所有成员的付出都是值得的。

与初次入驻布拖马铃薯科技小院的懵懂相比，一个月之后我又有了一些新的思考，有了属于我对布拖的认识。随国家脱贫攻坚的大力推进，高山蔬菜种植成为部分高海拔地区重要的发展产业，但高海拔山区特有的地理气候环境，导致目前生产技术落后，严重制约马铃薯与高产蔬菜的质量与品质，以及农民的收入。健全与发展马铃薯与蔬菜轮作体系，对实现布拖乡村振兴具有重要意义。

说干就干，与当地单作马铃薯相比我们要增加一季蔬菜作物。因为没有之前的种植经验作为参考，只能广撒网，我们筛选了10多种蔬菜做生产试验。育苗、翻地、移栽、水肥管理等环节都要全程参与。看着育苗盘里的幼苗一天一个样，生命的力量也让我不禁感慨。终于快到了移栽的时候，我们提前整地，规划小区，不料此时师兄病倒了，严重的肠炎让他站不起身子，我除了每天陪师兄治疗，也承担了更多的田间工作。但是师兄身体稍微好转就要下地一起工作，虚弱的身子不能扶开沟机，就做一些需要他用尽全力的工作，我又有什么理由不努力呢？将近两百斤的开沟机我也是第一次学习并使用，操作起来还是非常吃力，没干过农活的我也是满手血泡，晚上日志撰写中，放了双手照片，多位老师都送来了关切的问候，暖暖的话语让我觉得哪都不疼了。蔬菜一天天长大，收获了樱桃萝卜，收获了上海青、奶白菜……在这里不止收获了这些蔬菜，更值得一提的是，实验的开展让我确定了努力的方向，眼神不再迷茫，方向已经坚定。

寒假过后大年初八又回到了科技小院，新一轮的马铃薯播种工作即将开展，在这期间有抱怨，心想这么短的假期，年还没过完就又开始工作。但是来到这里，投身其中，难题一个个的解决，成果一个个的产出，抱怨之心也早已抛掷脑后了。

现在后山又增加了几千亩土豆种植面积，其他各项工作也正在有序推进，在祖国2020脱贫攻坚的关键时刻，布拖作为脱贫攻坚的主战场，我能以自己的方式贡献微薄之力，我觉得这是幸运的，我为自己的选择感到自豪，如今，乡村振兴的号角已经吹响，我们的脚步也要加快，在未来的学习工作过程中我定会不忘初心，一步一个脚印，脚踏实地地做好每一件事。

而今，我与布拖科技小院早已密不可分，我与布拖的情缘也正在延续……

相遇布拖

刘石锋

我从来没有想过能来布拖，感谢四川布拖马铃薯科技小院，是它架起了我和布拖之间的桥梁。2020年我共来布拖两次。第一次是陪同央视记者拍摄纪录片，第一次可以用两个字“匆匆”来形容，来也匆匆，去也匆匆，因为时间短暂，布拖给我的记忆就是冷。11月的成都还是“金井梧桐秋叶黄”的时候，太阳也是暖洋洋的。我们驱车500多公里来到拍摄地——布拖，车上的我们还在对路边的风景啧啧称赞时，便已经到达了目的地。虽说是早上10点，但我下车的一刹那就下意识的缩了下脖子，一股寒意迎面扑来，布拖真冷呀。

短短3天的拍摄时间，让我对米粒记者的敬业精神深受震撼，我记忆最深的要属我们拍摄上山的镜头。我们要从高坡下来并穿过小河才能上山，小河旁边都是光滑的鹅卵石，人走在上面极易滑倒，河水清澈但冰冷刺骨。但为了寻找最佳的拍摄角度，米粒记者他们端着摄像机趴在水面上一动不动，冰冷的河水把他们的衣服都溅湿了，而他们却丝毫不在意。那一瞬间，我对记者敬业和执着的精神有了不一样的理解与领悟，干一行爱一行，要做就用心做，做最好，在读博的道路也该如此，沉下心来，锲而不舍。

接着我们还去到了特木里小学给彝族小朋友上了一堂趣味马铃薯课程，课堂结束后我们还到了操场上和小朋友围在一起跳舞，其间由于音响设备不够齐全，所以没有音乐，但是小朋友自发的开始唱歌，大家一起手拉手唱啊跳啊，欢乐的歌声回荡在整个校园，他们脸上露出更多的是对大山外的渴望和对未知世界的憧憬，拍摄的情景历历在目，短短的三天时间里，当地彝族同胞的热情驱散了严寒，带给我的不仅仅是震撼，更多的还是责任，一个当代大学生的责任，一名共产党员的责任和担当。就这样随着拍摄的结束我和布拖的相遇就暂告一段落。

第二次是我轮调到布拖马铃薯科技小院，这一次我在布拖待的时间比较长，约半个月的时间，在这半个月里，我对布拖的认识逐渐加深。我一个人守着科技小院，除了每天固定的工作外，每到下午两点的时候，我总会骑着电动车到布拖街头转一圈，感受下这里的风土人情。因为海拔比较高，所以紫外线比较强，这里的人皮肤都是黝黑黝黑的，每次我问路他们都是热情又耐心地给我讲了一遍又一遍，直到我听懂为止。

在科技小院期间，我还随同四川省农机院的老师到昭觉做科技扶贫宣传。在昭觉短短的两天时间，也给我留下了深刻的印象。我们把当地的老乡召集在一起，给他们讲解马铃薯的种植和病虫害预防，因为语言的障碍，他们很难理解我们的话，但是他们还是很努力地去理解，去揣摩我们的手势，一直等我们讲完才肯离去。快结束的时候，一位彝族老大爷上前紧紧地握着我的手，感谢我们的到来，我们给他们带去了更多的希望，那一刻我发现人生的真正意义和价值，也体会到了扶贫工作的重要性以及科技的巨大驱动力。

虽然在布拖的日子是短暂的，但却打开了我心中另一扇窗户，让我明白了学以致用的重要性，更明白了自己肩头的责任和担当，激励着我不断向前。

在最美的时光遇见了你

黄敏敏

相遇

在收到被四川农业大学录取的消息时，我既憧憬向往着，但同时又有些许胆怯：向往着研究生的生涯，能在未来三年里学到更多更有用的知识，使自己变得更加优秀；但又掺杂着一丝害怕，怕自己学无所用，浑浑噩噩地度过这三年。很快，这种担心就消失了。

“是黄敏敏吗？明天就准备出发前往布拖科技小院吧。”

“好的，余老师。”

匆忙又短暂收拾后，第二天我便开始了我的布拖之行。在此之前，我并不知晓我要去布拖，也从未去过这里，对这里也并不了解，都是从别人那里了解的关于它的信息。布拖隶属于四川省凉山彝族自治州，位于凉山州东南部大凉山区。它的地理位置很偏僻，90%以上的人口都是彝族，在大多数人眼里都觉得这个地方很贫穷，很落后。在得知这些信息后，我感到有点担心，也有点害怕。但因疫情的影响，暂时无法提前去学校学习，我只好收拾行李前往布拖，在这里进行我短暂的学习生涯。这些是我当时还未出发时的想法，但很快，这种想法就被打破了。

在要到达西昌的路上，我被周边的景色所吸引了，这里很美，好山好水，山是那么高，水是那么碧绿，并不像我想象的那么贫瘠。相反，夜晚的西昌带着一丝丝凉意，它很繁华，四处霓虹闪烁，络绎不绝。然而，从西昌前往布拖的路途并非想象中那么容易，开车开到半山路车坏、找遍无数地方修车、柳暗花明车修好了，最后将近凌晨十二点才到达园区。在当时，我并未看到白日布拖沿路风光，但听其他伙伴描述，白日的它，路途边上会有很多牛羊，且从车上往下看，道路十分蜿蜒崎岖，有好多急弯依次相连，让人胆战心惊。但夜晚的它，在月光照耀下，显得很宁静。在沿途中，我们可以看到整个西昌的模样，灯火明亮；可以看到美丽的邛海，波光粼粼；也可以看到带着微光的、别具特色的房屋。这是我对布拖的第一印象，感觉还不错。

相识

清晨，我看着远处的山云雾缭绕，周边鸟语花香，心中的躁动也平静了下来。这里少了城市中的喧嚣，多了一丝宁静。昨日我只是一瞥，未见全样，今日才正式见面，你好，很高兴认识你，布拖马铃薯科技小院。

2018年，在中国农村专业技术协会主导下，由四川省科协组织运筹，建立了布拖马铃薯科技小院，以布拖县布江蜀丰生态农业科技有限公司为依托单位，由四川农业大学、四川省农村专业技术协会、中国农业大学共建，旨在全面推进布拖县马铃薯产业，保障全县人民粮食安全。这是关于布拖马铃薯科技小院的基本简介。作为科技小院的学生，在这里需要做什么呢？对于初来乍到从未接触过农业的我，在这里能做什么呢？在这里能学到什么呢？这一个接一个的问题扑面而来，此刻我的内心是迷茫的，是彷徨的，感觉找不到任何出路，被困在这片迷雾之中。但很快，这种局面就被打破了。

相知

我刚来科技小院，没有任何缓冲时间，便开始忙碌了起来。一开始，我从雾培大棚基础设施学起，基础设施主要包括定植板、水泵、雾化装置、输液管道、终端控制器以及贮液箱等几个方面。这些设施里容易出现的问题包括：苗床内的过滤网堵塞；贮液箱内水回流速度过慢；水泵过滤器堵塞；输液管道无法抽水等。第一天，我就遇到了上述好几个问题，但在园区生产部曹菊华经理和科技小院其他伙伴的帮助下，我们成功地解决了一个又一个问题。现在我回忆起来，还是颇有成就感的。雾培法，又称为气培，是无土栽培的方式之一。它直接将营养液雾化喷洒到马铃薯根系上，供给其所需的营养。通常用泡沫塑料板制的容器，在板上打孔，栽入马铃薯苗，茎和叶露在板孔上面，根系悬挂在下空间的暗处，每隔15min向根系喷营养液30s。这里使用的马铃薯苗须在实验室先经过茎尖脱毒处理，其原理是利用病毒在植物体内分布不均匀，即根尖和芽尖分生组织所含病毒量少或不含病毒，因此通过剥离茎尖，对马铃薯进行脱毒，再切段快速繁殖获得的。我们通过雾培的方法，可以获得大量的马铃薯原原种。这些原原种在政府补贴下，由园区售卖并分发给当地农户以获得马铃薯原种。目前，由雾培大棚生产获得的原原种只能满足80%左右的农户，因此，这也是我们布拖马铃薯科技小院还须解决的一大问题，即如何提高雾培大棚内原原种的产量。

我与我的导师王西瑶教授第一次见面、接触、了解，不是在学校，而是在布拖马铃薯科技小院。就在这里，她为我上了研究生的第一堂课，“六个多”，即多做、多看、多想、多问、多说以及多交流。“多做”就是要多做实事，不能停留在表面，要实实在在地到田里去做事；“多看”是要我们多吸纳新知识，除了多看文献以外，也要去了解其他学科的知识，做到融会贯通；“多想”是要我们学会思考，学会观察；“多问”是要我们不耻下问，遇到不懂的问题，哪怕可能很简单，也要虚心求问；“多说”

是要我们学会去表达，放开自我，哪怕说的可能是错的，但也要敢说；“多交流”是要我们学会去交流，学会与形形色色的人打交道，不能自我束缚，局限于自己的小天地。

接着，我有幸与王老师一同参加了关于开展科技扶贫万里行活动的座谈会，并参观了除布江蜀丰现代农业科技园区外的其余五个园区产业发展现状。在这次会议上，通过聆听各领导、各专家的发言，我更加深入地了解了布拖县的扶贫情况以及亟待解决的问题，并在当时改变了我内心的想法，为我能够加入布拖马铃薯科技小院而感到自豪和骄傲。在这里，我很想说一句，与你相遇相知，是我的荣幸。

来科技小院之前，我从未下过田，也没有做过农活，因此，对我第一次在田间挖马铃薯，记忆颇深。起初，我对科技小院的一切都感到好奇，看着师姐们在田野里除草，挖马铃薯测定它的形态指标，以为这些事情挺容易的。于是，二话不说，我就揽下了这项工作。但在实际操作过程中，绝非我想象得那么容易。除草、挖马铃薯，听起来挺简单的，但在操作时，如何完整地挖出马铃薯，如何避免误伤马铃薯植株，这些都是我需要思考的问题。而测量马铃薯植株的形态指标，操作简单，初做时，感到新奇，测量几十株或成百株之后，却又是另一种感觉了——累。但唯有吃得苦中苦，方为人上人呀！

当然，除了这些问题以外，还有一个更为严峻的交流问题，即在开展科普或调研活动时，与彝族同胞存在沟通不顺畅或无法交流的问题，同时，下乡前往各乡镇开展相关活动时，路途较远，耗时较多，与当地村干部或驻村书记没法及时对接上等问题。这些难题限制了科技小院的工作开展，亟待解决。但，很快，这些难题得到了较好的建议。这得力于四川省科协经戈副主席一行的前来。经主席听取了科技小院同学们的工作汇报，也非常关切地询问了我们现在在工作开展中的一些问题，并给予了一些的指导与意见，即可以依托科协彝语老师协助，依托科协的科普工作一同进行学习、调研；对接布拖县科协、农业局，一同进行科学研究，开展相关实验，新建试验基地。前期我们的双语视频制作由于找不到相关翻译而无法完成的工作，在经主席的大力支持与帮助下，但在联系了凉山州科协的老师以及在他们的帮助下，我们一同完成了双语视频的制作，最后也成功在苏呷村播放。

相守

在科技小院，我的迷茫、我的彷徨，也在这将近一个月的忙碌中，逐渐消散，并找到了研究方向。虽然我来的时间不长，但我在这段时间是充实的、愉快的。在这美好的年华里，我找到了我的价值和意义——如何让平凡的小马铃薯在这片大地茁壮成长，让马铃薯花开得更加绚烂多彩。未来，路还很长，我和科技小院的故事，也还会继续谱写出更美、更有意义的华章。

“薯”你一世

朱凤焰

布拖科技小院所在的布拖县是国家扶贫开发工作重点县、乌蒙山连片特困地区的核心区，四川省大小凉山综合扶贫开发重点地区。凉山州马铃薯种植面积达到了21万亩以上，州内山区海拔相对较高，气候偏凉，非常符合马铃薯的生长特性，是凉山州内群众的主要粮食作物之一。但种薯活力差、品种混杂、栽培粗放、加工业缺乏、技术推广艰难等问题，长期制约马铃薯产业发展。而布拖马铃薯科技小院能够切实打通科技服务农户与精准脱贫的“最后一公里”，在这里我找到了自己的价值。

受疫情影响，在去布拖马铃薯科技小院之前，我们通过参加线上会议进行学习。在一次例会中，确定了我前往布拖马铃薯科技小院的时间——2020年6月22日。由于决定的时间比较仓促，没有买到前往成都的高铁票，再加上出发前老家一直都有雨，最后为了保险起见，我没有购买飞机票，而是选择了乘坐火车进行中转。6月22日，背上行囊我就从家出发了。这次算是我第一次独自前往远方。以前都是在离家比较近的地方生活，除了游玩，我独自去的最远的地方也仅限江苏省而已，但这次，我要独自一人前往陌生的地方了。对于自己能否安全抵达，虽然内心里有一丝担心，但是一想到有一群志同道合的伙伴在等着我，心里就很开心。

在西昌前往布拖的车上，我也认识了一些善良、热心的四川当地人，旅途中，通过与她们交谈，我了解到布拖种植的一些马铃薯品种，主要是“米拉”，近几年新引进“青薯9号”，还有布拖的特色品种“布拖乌洋芋”种植面积较多。谈到布拖的马铃薯，她们的脸上都洋溢着幸福的微笑。尤其是谈到“布拖乌洋芋”，深受她们喜爱，“乌洋芋很小，但是切开后，中间的薯肉是白色的，边缘有一圈紫色的圆环。”她们还极力称赞它皮薄、质嫩、营养丰富、口感好，不过令彝族同胞感到可惜的是乌洋芋的产量少、价格高。虽然我还从未见过“布拖乌洋芋”，但是从她们的描述中，我能感受到她们对“布拖乌洋芋”的喜爱。也正是她们心中的这份喜爱，让我有了不虚此行的感觉。

西昌到布拖的这一路，汽车沿着盘旋而上的山路而行，从车窗向外眺望，只见群山环绕，山山相连，一抹抹绿色尽收眼底。置身于群山之顶，领略到了群山的壮阔。经过火车、高铁、大巴、客车等不断换乘，6月25日中午我终于抵达了布拖马铃薯科技小院所在的布江蜀丰生态农业科技有限公司。稍做休息后，师姐们便带我先熟悉了科技小院的工作室。四川布拖马铃薯科技小院是中国农技协主导，由四川省科协组织运筹，以四川农业大学、四川省农村专业技术协会、中国农业大学为共建单位，以布拖县布江蜀丰生态农业科技有限公司为依托单位建立的第一个地处高原的科技小院。

在科技小院，我见识到了所谓的雾培大棚，在此之前我见过温室大棚、塑料大棚、连栋大棚却从未见过雾培大棚，这里的一切都很新奇。雾培大棚采用的苗床和我之前见过的温室大棚的苗床有所不同，温室大棚采用的是网片式苗床（由单体苗床、苗床导轨组成，单体苗床可以通过苗床导轨进行横向移动），而雾培大棚的苗床比温室大棚的苗床窄且苗床下面由钢架和泡沫板拼接而成，内置防水布。马铃薯雾化栽培设施由栽培槽、水泵、雾化装置、输液管道、终端控制器和贮液箱组成。栽培槽上的盖板设有定植孔，在槽底配有雾化喷头，终端控制器控制营养液的定时喷洒，贮液箱保证营养液可以通过输液管道回流和循环使用。看着一颗颗原原种在马铃薯苗的匍匐茎上生长，我不禁感叹发明雾培技术的人真厉害，居然能够想到以雾化栽培的方式让马铃薯生长，既能够避免土传病害，还能够保证及时采摘适宜大小的原原种。

来不及过多感叹，我就随师姐们前往苏呷村观察喷施外源植物生长激素后马铃薯植株的生长情况。一路上我看见了很多人家门口都养着牛，这对于我来说是很意外的。有生以来，我第一次见过如此多的牛，依稀记得幼时爷爷家曾养过一段时间的牛，但是我也仅仅只见过一两次而已。苏呷村的阿姨正在溪边浣衣，眼前突然浮现出小桥流水人家的美好画面。看着我们过来，阿姨热情地接待了我们。虽然我还听不太懂阿姨说的话，但是我能感受到她的淳朴、善良。我们观察过喷施外源植物生长激素后马铃薯植株的生长情况后，恰好遇上苏呷村的几位叔叔阿姨，就顺便调查了布拖当地马铃薯的生育期、贮藏期等情况。

为了了解农民最关心、最迫切、最直接的事情，我们通过多次下乡调研，掌握农民马铃薯种植现状，查找农民种植中出现的问题，并在此基础上形成了解决问题的对策。我印象最深的一次是和师姐们去拉果乡阿尔马之村进行调研。一路上看见的东西都觉得很新奇，就像是来到了另外一个世界一样。以前我只能在电视里看见许多的牛、羊，这次我在现实中也见到了，比在苏呷村见到的要多得多，真开心。彝族的服饰色彩比较鲜艳，感觉衣服上面的花纹、花边都充满了独特的民族气息。路上看见他们的房屋也很漂亮，有些人家门前会有火镰，有些人家外墙上还会有太阳的图案，有些人家屋檐会用红色、蓝色进行装饰，感觉很新奇。不管是服饰还是房屋建造，都充满了浓郁的民族色彩。

欣赏着车外的风景，不知不觉我们就到达拉果乡阿尔马之村了。杨思超书记带我们去观察了田间的乌洋芋长势。经过测定发现，乌洋芋的茎粗为9.5mm左右，株高矮一点的基本上在60cm左右，高一点的基本上在80cm左右，比我们在园区种植的要高一些，但是并没有出现倒伏现象，实生种大小基本上在14mm左右。在和杨书记的交谈中，我们了解到，阿尔马之村的乌洋芋一般3月10号播种，4月中下旬开花，收获较早的一般是8月20号左右，晚的话9月初收获，储藏第二年3月中旬开始发芽。收获一般采用人工收获的方式，对乌洋芋的表皮损伤少。一般施农家肥，为了乌洋芋能有好的品质，很少施化肥，平时也不追肥。亩产三千斤左右，其中也包括未发育成熟的乌洋芋，一般出售的大概有一两千斤左右，其余小的会作种。贮藏的土豆表面有一层泥土包裹着，这样贮藏起来也很方便，食用的时候清洗后就直接煮上或者埋在火堆旁。

虽然我来到布拖马铃薯科技小院时间不长，但我学习和收获到了很多。学习了马铃薯相关知识，收获了一群志同道合的伙伴。希望我们的科技小院能够越来越好，并将这支“小院”火炬一代又一代传承下去！也愿我能为马铃薯事业奉献自己的一生！属你一生，也“薯”你一世！

三、薯遇布拖：路（中国农村专业技术协会四川布拖马铃薯科技小院大事件）

➢ 2017年1月11日，科技小院依托单位——布江蜀丰生态农业科技有限公司成立

布江蜀丰生态农业科技有限公司的建立以育繁推为先导，推广良种良法，突破原原种、原种生产困局，逐步满足全县21万亩马铃薯生产用种需

要；同时以建设现代农业综合体为目标，促进一二三产业融合发展，以品种选育为目标，建设优质种薯供应基地。

- 2018年11月5～8日，四川农业大学新农村发展研究院副院长田孟良教授等参加中国农技协科技小院联盟成立大会

中国农技协科技小院联盟成立大会在广西南宁召开，四川农业大学田孟良教授、王西瑶教授、陈远学副教授等参加了中国农技协科技小院联盟成立大会。

- 2018年11月16日，中国农技协科技小院联盟四川科技小院建设研讨会在四川农业大学召开

中国农村专业技术协会（简称中国农技协）科技小院联盟四川科技小院建设第一次研讨会在四川农业大学召开。中国农技协副理事长、中国农技协科技小院联盟理事长、中国农业大学校务委员会副主任张建华，中国工程院院士、中国农技协副理事长、中国农业大学教授张福锁，中国农技协科技小院联盟秘书长、中国农业大学教授李晓林，四川省人大农业与农村委员会主任委员、四川农业大学教授邓良基，四川省科协党组成员、副主席赖静，四川农业大学副校长杨文钰、研究生院副院长谯天敏、资源学院院长王昌全、农学院副院长王西瑶、园艺学院副院长汪志辉等出席了本次会议。来自凉山州、资阳市、眉山市、蒲江县、安岳县、会理县等地科协（农技协）及科技小院联盟首批成员代表，四川农业大学新农村发展研究院、农学院、资源学院、园艺学院师生以及龙蟒集团负责人等共60余人参加了会议。会议由新农村发展研究院组织。

- 2018年11月27日，布拖科技小院建设研讨会在四川农业大学召开

中共江油市委常委、江油市对口帮扶布拖县脱贫攻坚工作前线指挥部指挥长吕勇，带领副指挥长饶中友、科技小院马铃薯团队驻点公司布江蜀

丰公司董事长胡钢等人员到四川农业大学，就布托科技小院建设和脱贫攻坚问题开展研讨，农学院党委书记胡迅，副院长王西瑶、任万军，园艺学院副院长汪志辉及学校多位专家和研究生共30余人参会，王西瑶副院长主持会议。本次研讨会为我校科技小院团队赴布拖开展工作做好了铺垫。

➢ 2018年12月23～25日，四川农业大学王西瑶教授等参加全国农业专业学位研究生教育研讨会暨科技小院10周年纪念会

全国农业专业学位研究生教育研讨会暨科技小院10周年纪念会在北京召开。全国农业专业学位研究生教育指导委员会委员、中国学位与研究生教育学会农业专业学位工作委员会委员、全国各农业硕士培养单位200余人参会。

王西瑶教授受邀作题为“科技小院推进四川农业大学专硕培养”的大会报告，主要从四川农业大学农业硕士培养的现状及问题、科技小院模式给四川农业大学带来的影响与思考、四川农业大学科技小院工作情况、农业专业硕士培养未来展望4个方面做了介绍与分享。

➢ 2019年1月10日，中国农技协科技小院联盟正式发文批复同意设立5家四川科技小院

中国农村专业技术协会科技小院联盟正式发文同意设立四川安岳柠檬、四川布拖马铃薯、四川会理石榴、四川眉山鹌鹑、四川蒲江果业共5家科技小院，依托单位分别为四川安岳县柠檬种植技术协会、布拖县布江蜀丰生态农业科技有限公司、会理县农村专业技术协会、眉山市东坡区云阁鹌鹑养殖专业技术协会、蒲江县鹤山果品协会，共建单位为四川农业大学、四川省农村专业技术协会和中国农业大学，有效期为三年。以期搭建产学研用结合平台，在服务当地农业增效、农民增收、农村绿色发展的进程中发挥积极作用。

➢ 2019年2月19日，科技小院入驻——布拖马铃薯科技小院首位研究生杨勇入驻布江蜀丰生态农业科技有限公司

在新年的正月十五这一天，马铃薯开发与研究中心的研二学生杨勇成为了布拖马铃薯科技小院的首位入驻研究生，也是布拖马铃薯科技小院的第一位学生，这一天无论是对于科技小院还是杨勇都意义非凡。由此，布拖马铃薯科技小院的工作正式开启。

➢ 2019年3月23～24日，调研培训——四川农业大学马铃薯专家服务团

布拖马铃薯科技小院共建单位四川农业大学马铃薯研究与开发中心的王西瑶等多位老师到达园区及科技小院，对园区情况进行了解，同时调研了布拖县特木里镇布江蜀丰园区、乃乌村马铃薯的产业情况，并对其展开生产服务指导。随后就布拖马铃薯脱贫攻坚以及科技小院建设等内容与园区以及布拖县相关负责人进行交流。同时重新明确了科技小院的概念，加强了园区内部对于科技小院的理解，从产业全面发展的方面结合研究生现阶段的学习工作，培养研究生，使其成为具有研究能力的领导者。

➢ 2019年6月18～19日，四川农业大学与依托单位筹备支部共建聚力，共筑战斗堡垒

四川农业大学植物生理系专家对布拖特木里镇布江蜀丰园区、补尔乡、拉达乡、日切村的马铃薯产业进行了调研。其后调研了园区栽种的马铃薯情况、拉达蔬菜基地、补尔乡千亩马铃薯基地以及续断基地等。此次活动在很大程度上推进了科技小院的工作，首先联系到了很多本地专家，有利于之后工作的进一步推进，也大大拓宽了思路，不再仅仅局限于园区马铃薯原原种大棚，有更多的机会出去调研，也为科技小院的发展提出了一些新的思路，通过并开展实践实行。

➢ 2019年6月24日，布拖县人大代表到科技小院调研

布拖县人大代表组成的参观团分两批来到园区进行调研。科技小院成员对马铃薯生产，以及马铃薯原原种繁育、马铃薯良薯繁育体系进行了讲解，让各位代表对马铃薯产业相关的知识有了了解，对加快当地马铃薯产业的发展有积极作用。

➢ 2019年6月30日～7月2日，布拖科技小院师生参加中国农村专业技术协会第五届理事会第二次会议

中国农村专业技术协会第五届理事会第二次会议在成都隆重召开，四川农业大学蒲江果业、会理石榴、布拖马铃薯、安岳柠檬、东坡鹌鹑5个科技小院指导专家、研究生受邀参加会议并作工作报告。此次会议有来自中国农村专业技术协会、四川省科协、四川省农技协以及各省市州科协与农技协300余名代表参会。

会议由四川农业大学农学院党委副书记、副院长、科技小院专家王西瑶教授与入驻布拖马铃薯科技小院的博士研究生蔡诚诚共同主持。到会领导专家们仔细听取了入驻四川科技小院的10名研究生的工作汇报。各科技小院学生代表们的汇报内容丰富多彩，讲述的科技小院故事真实感人。中国农技协科技小院联盟为了鼓励前期入驻四川科技小院的研究生，通过评审他们入住期间的工作成绩，评选出“四川科技小院排头兵”奖。

➢ 2019年7月13～17日，布拖马铃薯科技小院引领联合实践，志智双帮扶

引领了35名农学专业大学生科技教育服务布拖联合实践，开展了“薯遇布拖”社会实践活动、“问学启智，修德远航”支教活动等活动，在布拖县乡村、小学开展志智双帮扶，开展科技培训、科普活动、健康培训等，反响强烈、成效显著，受到政府领导、驻村书记等多方面肯定。

依托布拖马铃薯科技小院平台，实践团队了解到由于马铃薯贮藏不当，乃乌村马铃薯贮藏后期发芽情况严重，给马铃薯销售和食用带来了巨大的阻碍。因此，同学们想到将科学的马铃薯贮藏技术带到乃乌去。本次实践，薯遇布拖实践团队同布拖马铃薯科技小院研究生一起来到了特木里镇乃乌村，对当地农户进行了马铃薯科学贮藏技术培训。

- 2019年7月17日，实践团队来到特木里镇中心小学，为当地的小朋友们上了一堂别开生面的趣味马铃薯课

- 2019年7月18日，调研培训——科技小院团队调研特木里镇乃乌村，进行文化教育及马铃薯知识科普

科技小院团队到特木里镇乃乌村对参与马铃薯贮藏实验的农户进行彻底调研。决定选择当地3家农户，每户采用300斤马铃薯进行贮藏实验。由于8月初农户进行新薯的收获，收获后的马铃薯需要15天的愈伤化，所以决定于8月中旬对三家农户进行贮藏实验示范。

- 2019年7月23日，调研培训——团队调研美撒乡莫此村的马铃薯种植情况，重点是乌洋芋晚疫病的发生情况

当日王西瑶老师带领科技小院学生并同凉山布拖县农业农村局植保站站长廖为，布江蜀丰有限公司杨维民、曹菊华等技术人员一起，分别在美撒乡莫此村、补尔乡亚河村进行马铃薯种植地调研。

- 2019年8月3日，调研培训——科技小院团队调研昭觉县城北乡的马铃薯机械化程度，并在当地开展贮藏培训

当日科技小院团队调研了昭觉县城北乡的马铃薯机械化程度，并在当地开展贮藏培训。昭觉县扶贫技术培训会四川省农科院植保所李洪浩老师讲解了马铃薯主要病虫害及其综合防控技术。刘小谭老师则主要介绍了马

铃薯种植全程机械化所需要的一些机器，强调拖拉机在选型时要注意“轮距和垄距配套，动力和作业配套”。研究生杨勇以马铃薯散户贮藏技术为题，讲述了马铃薯储藏过程中会出现的一些现象，如变青、发芽、冷害和冻害等。

➢ 2019年8月21～22日，中国农村专业技术协会布拖马铃薯科技小院揭牌仪式

中国农技协四川布拖马铃薯科技小院揭牌仪式暨工作交流会在布拖县布江蜀丰生态农业科技有限公司举行。中国农技协副理事长、中国农技协科技小院联盟理事长、中国农业大学校务委员会副主任张建华教授，中国农技协副秘书长、中国科协农技中心农技协发展处副处长彭立颖，中国农技协科技小院联盟秘书长、中国农业大学资环学院李晓林教授，四川省科协科普部部长郑俊，布拖马铃薯科技小院指导专家、四川农业大学农学院副院长王西瑶教授等出席会议。科技小院正式揭牌，在会议室里，王西瑶老师汇报了布拖马铃薯科技小院在这八个月时间里所做的工作，得到了各位领导的充分肯定，张建华副理事长也称代表柯炳生理事长和师铎主任对四川省科协、州科协和布拖县委县政府对科技小院的支持表示衷心的感谢，同时也对布拖马铃薯科技小院依托单位布江蜀丰有限公司的大力支持表示感谢。

➢ 2019年10月12～15日，布拖马铃薯科技小院研究生团队获第五届中国“互联网+”大学生创新创业大赛全国银奖

由教育部等12个部委和浙江省政府共同主办、浙江大学和杭州市人民政府承办的第五届中国“互联网+”大学生创新创业大赛全国总决赛在浙江大学举行。薯类活力调控与贮藏技术研发团队学生与来自全球109万个团队的激烈角逐，最终斩获全国银奖1项。

“千盛惠禾——小小紫土豆，扶贫大能手”是由布拖马铃薯科技小院团队在读博士生彭洁带队，团队经过5年技术攻坚，获5项国家授权专利，成功实现从紫色马铃薯的品种选育、种植栽培、储藏技术、产品销售的全程陪伴式产业链条。项目现已在四川凉山、阿坝、甘孜、云南等贫困地区建立8大种植基地，种植规模超3000亩，提供就业岗位3448个，受益农户2670户，每年可促农户增收1620万元。团队用9年时间，让一颗小小的脱贫薯成为了农民的致富薯。彭洁也先后获得全国大学生创业英雄百强、全国大学生返乡创业10强、四川省青年千人计划、成都市人才专家等荣誉。

➢ 2019年11月12日，布拖科技小院学生参加国际减贫与乡村振兴经验研讨会

由中国农业科学院农业信息研究所、海外农业研究中心主办，英国诺丁汉大学、四川农业科学院和四川农业大学协办的国际减贫与乡村振兴经验研讨会在成都锦江宾馆召开。本次研讨会是由中国农业科学院与联合国粮农组织（FAO）、国际农业研究磋商组织（CGIAR）、国际原子能机构（IAEA）和成都市人民政府共同主办的第六届国际农科院院长高层研讨会（GLAST-2019）的边会活动之一。四川农业大学农学院薯类研究团队受邀与来自国际组织、政府部门、农业科研院所、重点高等院校、企业等70余位代表共同参加了本次会议。

会上，王西瑶教授介绍了四川科技小院、各地市州农科院等合作单位，在四川及周边特困山区马铃薯产业技术创新与推广方面取得的成果，以及农学院将与诺丁汉大学合作的乡村振兴人才培养专项工作进展。

➢ 2019年11月14日，布拖马铃薯科技小院参加中英马铃薯产业圆桌会议

本次会议由四川科技小院团队与英国诺丁汉大学主办，全球挑战研究

基金项目组（GCRF）、“现代农业与美丽乡村规划”项目组及诺丁汉大学未来食品卓越科研团队共同承办的“中英马铃薯产业圆桌会议”，会议围绕“中英马铃薯产业从种薯活力到健康食品加工创新”的主题展开，旨在建立一个马铃薯产业化扶贫与经济可持续发展的国际合作平台。

会中举行了GCRF项目负责人武斌与各课题组长的签约仪式。卢肖平主任等国际马铃薯中心、国际马铃薯中心亚太分中心专家，熊兴耀、刘庆昌、何卫等国家薯类产业体系专家，黄钢研究员等四川省薯类产业体系顾问专家，中国农业大学一带一路研究院高级研究员齐顾波教授等与会并见证了项目启动仪式。

➢ 2019年11月19日，布拖马铃薯科技小院参加2019年全国科技助力精准扶贫工作交流视频会议

2019年全国科技助力精准扶贫工作交流视频会议在北京举行。中国科协党组书记、常务副主席、书记处第一书记怀进鹏出席会议并讲话，国务院扶贫办开发指导司副司长杨栋，农业农村部科技教育司副司长张晔参加主会场会议。会议由中国科协副主席、书记处书记孟庆海主持。

会议宣布了全国“十佳”科技助力精准扶贫示范点，四川省凉山彝族自治州布拖县特木里镇入选。

➢ 2019年11月28日～30日，布拖马铃薯科技小院参加中国农技协科技小院专题培训班

四川农业大学农学院党委副书记、副院长王西瑶教授、资源学院应用微生物学系主任辜运富教授、园艺学院孙国超教师等9名科技小院师生受邀参加本次培训。

王西瑶教授以“助力产业扶贫，服务乡村振兴”为题，作“四川省科技

小院建设”大会报告，介绍了由四川农业大学专家团队指导的四川省5个科技小院概况。重点以布拖马铃薯科技小院为例，分享了“薯类专家团队+企业+农户+科技小院+国际交流平台”的运作模式，介绍了学生长期驻扎特困山区生产一线，全过程跟踪马铃薯生长，发现、解决马铃薯产业关键问题取得的成绩和经验，并受到与会代表的高度赞赏。

➢ 2019年12月6日，调研培训——科技小院团队调研布拖县产业发展情况及马铃薯特有品种

科技小院团队对布拖县产业发展情况及特有品种进行调研，此行与农业农村部的江丽华老师和周向阳老师一同前往。此行主要目的是开展马铃薯产业发展的调研，并召开了马铃薯产业发展座谈会，在会上听取了布拖县特木里镇各则村马铃薯专业合作社负责人以及两户农户的讲解。同时布拖县农业农村局的嘿哈局长、乃古局长和农技站赵汝斌站长等对当地马铃薯产业发展情况有透彻了解的老师们，针对目前布拖马铃薯产业发展存在的优势和问题进行了阐述。

➢ 2020年1月5 ~ 8日，调研培训——科技小院团队与诺丁汉大学

布拖马铃薯科技小院团队与诺丁汉大学一行对布拖马铃薯的合作社（包括特木里镇各则村、乃乌村、拉果乡阿尔马之村、拖觉镇保俩姑尔村、补尔乡等）进行了深入调研。调研越深入越能了解来自各方的力量以及布拖的潜在能力与发展。

➢ 2020年初春布拖马铃薯科技小院开展马铃薯抗疫情保生产行动

科技小院团队从2020年2月初开始，首先与科技小院的依托单位布

江蜀丰生态农业科技有限公司进行了联系，根据“统筹部署春耕生产、脱贫攻坚等工作”精神要求和科技小院2019年驻扎期间的调研结果，制定了“布拖马铃薯科技小院抗疫情保生产工作方案暨高产展示方案”，并开始按照方案进行春耕准备。团队分工明确，并在疫情期间多次开展线上会议，进行沟通联系种薯，规划种植地块。

➢ 2020年6月9日，布拖马铃薯科技小院培养硕士研究生顺利通过毕业答辩

6月9日，布拖马铃薯科技小院培养的硕士研究生张杰、王宇、梅猛、杨勇四位同学，参加了2020年农学院硕士论文答辩并顺利通过。本场答辩的评审专家为四川农业大学农学院杨世民教授（答辩主席）、郑顺林教授、李立芹副教授、刘帆副教授、鲁黎明副教授、四川省农业科学院土肥所沈学善副研究员。

➢ 2020年6月28日，调研培训——科技小院团队调研拉果乡阿尔马之村乌洋芋的种植方式，更新种植方式

针对乌洋芋的活力调控和高产栽培方式，科技小院团队在村第一书记杨书记的带领下和农户一起去到了乌洋芋的种植田块，测定了马铃薯田间性状如株高、茎粗，匍匐茎数、实生种子数和直径。

➢ 2020年6月29日，布拖马铃薯科技小院研究马铃薯休眠萌芽取得重要突破

布拖马铃薯科技小院在《Food Chemistry》刊发题为“Quantitative phosphoproteomics analysis reveals that protein modification and sugar metabolism contribute to sprouting in potato after BR treatment”（定量磷酸化蛋白质组学揭示油菜素内酯通过调控蛋白质修饰与糖代谢促进马铃薯块茎萌芽）研究论文。这是薯类活力调控与技术研发岗位团队首次在《Food Chemistry》

上发表的高水平论文，也是马铃薯休眠萌芽研究一个重要突破。论文以布拖马铃薯科技小院首席专家王西瑶教授为通讯作者，岗位成员李立芹副教授和博士研究生邓孟胜为论文第一作者。

➢ 2020年7月8日，四川省高端人才服务中心开展科技扶贫万里行活动

2020年7月8日，科技小院的6名学生在王西瑶老师的带领下和省委组织部高端人才服务中心主任汤远华、布拖县委组织部沈阿呷老师、王晋康老师等专家一同前往布拖县拉达设施蔬菜产业融合园区、高山蔬菜产业园布拖黑绵羊良种繁育示范园区。回到座谈会后各位老师提出了相关要求与建议，一是要整合扶贫方式，对口实施帮扶。二是要在专家指导下对合建基地给予指导，将新技术、新品种进行展示让农户直接看到效果、效益。三是在专家指导下，加强对县专业技术人员的培训及指导。将生产管理的技术推广出去。

➢ 2020年7月17日，布拖马铃薯科技小院师生参加四川科技小院工作推进会

2020年中国农村专业技术协会四川科技小院工作推进会在四川农业大学成都校区圆满召开。中国工程院院士、中国农村专业技术协会副理事长、中国农村专业技术协会科技小院联盟副理事长、科技小院创始人张福锁教授出席会议，并做科技小院专题报告。与会专家对科技小院的工作高度认可，希望科技小院师生与依托单位、协作单位一起，继续保持工作的激情与热情，怀揣兴农情怀坚守生产一线，将在学校所学知识运用到实际生产中，为农民做实事，用科技助力精准扶贫与乡村振兴。

➢ 2020年7月29日，布拖马铃薯科技小院首席专家王西瑶教授在川渝共享科普建设座谈会上分享经验

川渝共享科普建设座谈会在安岳县召开，薯类活力调控与贮藏技术研

发岗位专家、四川农业大学农学院副院长、四川省农技协科技小院专委会牵头人王西瑶教授受邀作经验分享。王西瑶教授针对四川科技小院的阶段性成效和经验进行分享和交流，指出科技小院不仅具有科技创新、人才培养、乡村振兴的作用，还发挥着“科技之家”的作用；科技小院是一个能够将政府、企业、高校、农户有效结合的桥梁；“天府科技云”平台也让科技小院的师生能够更好地将技术进行推广，为更多的群众提供科技支撑和科普服务。

➢ 2020年8月11日，四川省肉牛创新团队来访调研

四川省肉牛创新团队调研布拖马铃薯科技小院工作，提出马铃薯技术知识文化产权形成，茎尖脱毒技术、田间种植技术大数据化对接方案。

➢ 2020年8月29日，记者报道——中宣部记者团采访报道

中宣部记者团对布拖马铃薯科技小院的品比试验、低温抗性试验及高产栽培品种，马铃薯雾培大棚生长情况进行采访报道。

➢ 2020年9月10日，记者报道——新华社官网报道

新华社官网及中国教育报等媒体上报道了科技扶贫与科技小院相关内容，包括雾培原原种繁育及科技小院学生日常的试验工作。

➢ 2020年9月11日，科普培训——布拖马铃薯科技小院团队进校园活动

布拖马铃薯科技小院团队参加中国科学技术协会在布拖县的拉达乡中心小学开展的“科普进彝家 大篷车进校园”活动。

➢ 2020年9月15日，中国农技协柯炳生理事长等多位领导视察科技小院

在王西瑶老师、饶远林老师、吕勇部长的陪同下，中国农技协柯炳生

理事长、中国农技协常务副理事长师铎、中国农技协科技小院联盟理事长张建华、中国农技协科技小院联盟秘书长李晓林教授以及段晓荣、王兴华、封伟、王安平等各位老师到科技小院调研考察。老师们首先来到布江蜀丰生态农业现代园区的电商平台，了解布拖县的整体发展情况。同时在柯理事长的引领下，询问了马铃薯种薯全县覆盖面积，良种率等问题，并对发展规划提出意见建议。在实地考察马铃薯基地建设情况后，来到了马铃薯科技小院，分别参观了马铃薯分级贮藏库、马铃薯原原种雾培及基质繁育大棚。

柯理事长一行充分肯定了科技小院同学们在科技服务、试验示范、科普研学等方面的工作。也寄语布拖马铃薯科技小院今后继续坚持科学管理，提高科技服务能力，建设布拖现代农业产业，巩固创建特色农业品牌，进一步健全马铃薯全产业链条，切实发挥科技助力脱贫攻坚、乡村振兴的作用。

➢ 2020年9月17日，布拖马铃薯科技小院师生参加中国农村专业技术协会四川科技小院工作推进会

9月17日中国农技协（四川）科技小院工作推进会在眉山市召开。中国农技协、四川省农技协、四川省科协、四川农业大学、科技小院依托单位等5家单位共计80余人参加了会议，本次会议采用线上线下结合的方式进行，会议由王西瑶教授主持。

➢ 2020年9月25～28日，布拖马铃薯科技小院师生参加中国马铃薯大会并作报告

布拖马铃薯科技小院首席专家王西瑶教授、指导教师李立芹副教授、鲁黎明副教授等教师及其研究生团队共11人参加了主题为“马铃薯产业与美丽乡村”的第22届中国马铃薯大会。

会上，中外专家学者汇报了马铃薯相关研究内容与最新进展。李立芹副教授与硕士研究生吕承承，分别做了“磷酸化蛋白质组学揭示油菜素内酯促进马铃薯块茎萌芽的研究”和“葡萄籽油对马铃薯块茎促芽效应的蛋白质组学研究”的专题报告，向马铃薯行业专家学者展示了四川农业大学马铃薯研究成果，并收到与会专家好评。

- 2020年9月，布拖马铃薯科技小院发表论文获“2020年度马铃薯优秀论文三等奖”

2020年9月团队发表在《中国马铃薯》杂志2019年第4期上的论文“加热熏蒸CIPC对马铃薯萌芽及品质的影响”在“2020年度马铃薯优秀论文”评选活动中被评为“优秀论文三等奖”。

- 2020年9月27～28日，布拖马铃薯科技小院首席专家王西瑶教授在“科技小院助力脱贫攻坚暨农业绿色发展战略”研讨会中作主题报告

中国农村专业技术协会和中国农业大学国家农业绿色发展研究院在广西南宁市召开“科技小院助力脱贫攻坚暨农业绿色发展战略”研讨会。布拖马铃薯科技小院首席专家王西瑶教授及四川农业大学入驻科技小院研究生参加此次研讨会并作“四川布拖马铃薯科技小院与脱贫攻坚”的主题报告。

王西瑶教授汇报川农研究生入驻科技小院助力布拖脱贫攻坚的情况，首先是师生团队长期入驻，扎根基层。再发展“科技小院+”模式，拓展了支部共建、暑期实践、企业支撑、政府支持、合作社指引、国际合作等多方面内容，取得了产业扶贫新成效。

- 2020年10月15日，布拖马铃薯科技小院获“十佳中国农技协科技小院”

➢ 2020年11月20～23日，布拖马铃薯科技小院师生参加第一届西南作物青年论坛并作报告

西南作物青年论坛在四川省成都市温江区四川农业大学成都校区召开。布拖马铃薯科技小院首席专家王西瑶教授带领团队师生参加此次报告。

会上，国内各科研院校专家学者对马铃薯、大豆、水稻等领域相关研究内容与最新研究进展进行学术汇报。团队博士研究生邓孟胜在研究生论坛中作题为“油菜素内酯促进马铃薯块茎发芽的机制研究”的报告，向各行专家学者交流了团队马铃薯研究成果。论坛开展期间，团队成员认真学习来自全国多个领域研究最新进展，积极参与讨论思考，收获颇丰。

➢ 2020年12月7日，布拖马铃薯科技小院第一位博士研究生邓孟胜顺利通过毕业答辩

布拖马铃薯科技小院博士研究生邓孟胜同学，参加了2020年四川农业大学农学院博士毕业论文答辩并顺利通过。邓孟胜汇报了毕业论文关于油菜素内酯调控马铃薯发芽的影响研究，以油菜素内酯促进马铃薯块茎萌芽为切入点，应用定量磷酸化蛋白质组学和靶向蛋白质组技术揭示其调控块茎休眠萌芽的作用机制，为马铃薯科学高效贮藏提供了理论支撑。

图 1.2　山坡地连片马铃薯种植

图 1.8　四川省布拖县马铃薯科技小院授牌仪式

a. 雾培原原种生产

b. 收获的原原种

c. 摊晾原原种

d. 分装好的原原种

图 3.2　原原种生产、收获、摊晾、分装

a.雾培大棚炼苗

b.组培苗移栽后

c.幼苗移栽后覆膜保水

d.长根的雾培马铃薯苗

e.雾培马铃薯

f.雾培马铃薯结薯情况

图 3.1　雾培操作过程

图 6.1　四川农业大学布拖马铃薯科技小院团队与诺丁汉大学签订合作协议

图 6.2　马铃薯干花周边产品开发

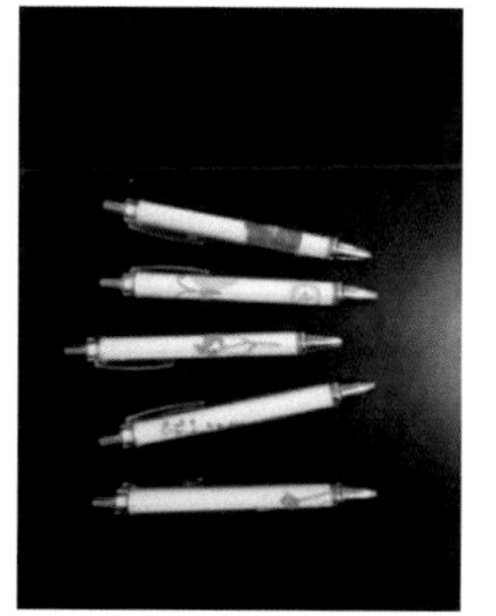

图 6.3　马铃薯干花产品开发

图 7.8　为小朋友讲解作业

图 7.9　普通话推广课堂

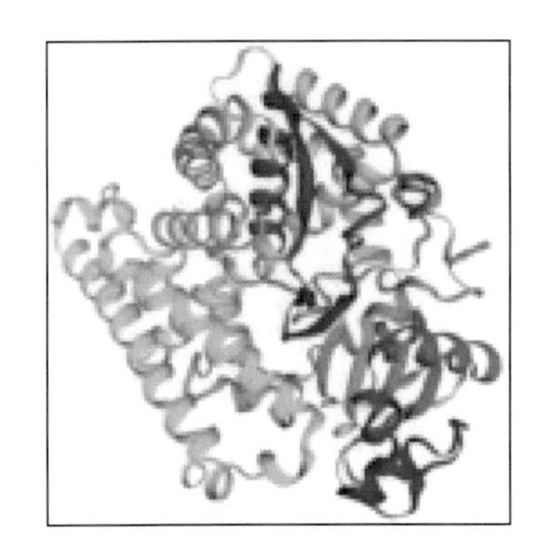

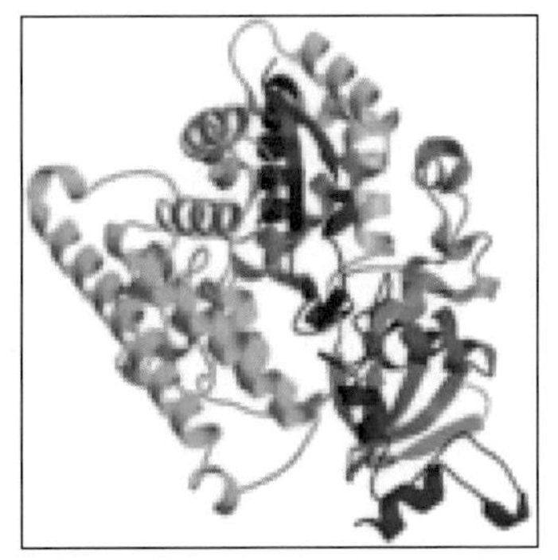

A　　　　B

图 8.8　马铃薯基因蛋白质三级结构预测